通识简说·科学系列

简说天文学

“外星人”为何保持沉默？

顾　问／温儒敏　主　编／赵　榕　赵　洋／著

SPM 南方出版传媒

全国优秀出版社　全国百佳图书出版单位　广东教育出版社

·广　州·

图书在版编目（CIP）数据

简说天文学："外星人"为何保持沉默？/赵榕主编；赵洋著. —广州：广东教育出版社，2019.6

（通识简说. 科学系列）

ISBN 978-7-5548-1707-0

Ⅰ. ①简… Ⅱ. ①赵… ②赵… Ⅲ. ①天文学—青少年读物 Ⅳ. ①P1-49

中国版本图书馆CIP数据核字（2017）第083255号

策　　划：温沁园
责任编辑：王　亮　梁　岚
责任技编：涂晓东
版式设计：陈宇丹
封面设计：陈宇丹　关淑斌
插　　图：葛　南　刘　欣

简说天文学　"外星人"为何保持沉默？
JIANSHUO TIANWENXUE
WAIXINGREN WEIHE BAOCHI CHENMO
广东教育出版社出版发行
（广州市环市东路472号12-15楼）
邮政编码：510075
网址：http://www.gjs.cn
佛山市浩文彩色印刷有限公司印刷
（广东省佛山市南海区狮山科技工业园A区）
890毫米×1240毫米　32开本　6.75印张　135 000字
2019年6月第1版　2019年6月第1次印刷
ISBN 978-7-5548-1707-0
定价：35.00元
部分图片来源于@视觉中国
质量监督电话：020-87613102　邮箱：gjs-quality@nfcb.com.cn
购书咨询电话：020-87615809

总 序

互联网的出现，尤其是智能手机的使用，让现代人获取知识的方式有了翻天覆地的改变。在我当学生的时候，是真的每天在“读”书，通过大量的阅读，获取第一手的资料，不断思考探究，构建自己的知识体系。而今天呢？一个孩子获取知识，首先想到的是动动手指，问问网络。

学习的方式便捷了，确有好处，但削弱了探寻、发现和积累的过程，学得快，忘得也快。有研究表明，过于依赖互联网会造成人的思维碎片化，大脑结构也会发生微妙的变化，表现为注意力不集中、记忆力减退等。看来我们除了通过网络来学习知识，还得适当阅读纸质书，用最传统的、最“笨”的方法来学习。这也是我一直主张多读书，特别是纸质书的缘故。我们读书必然伴随思考，进而获取知识，这个过程就是在“养性和练脑”，这种经过耕耘收获成果的享受，不是立竿见影的网上获取所能取代的。另外，我也主张别那么功利地读书，而是要读一些自己真正喜欢的书，也就是闲书、杂书，让我们的视野开阔，思维活跃。读书多了，脑子活了，眼界开了，更有助于考试取得好成绩。

有的小读者可能会说，我喜欢读书，但是学校作业很多啊，爸爸妈妈还给我报了很多课外班，我没有那么多时间读“闲书”呀！这个时候，找个“向导”，帮你对阅读书目做一些精选就非常必要了。比如你喜欢天文学，又不知道如何入门，应当先找些什么书来看？又比如你头脑中产生了一个问题——为什么唐代的诗人比别的朝代要多很多呢？这时候你需要先了解唐诗的概况，才能进一步探究下去。在日常的生活和学习过程中，诸如此类的小课题很多，如果有一种书，简单一点、好懂一点，能作为我们在知识海洋里遨游的向导，那就太好了。广东教育出版社出版的“通识简说”，就是一位好“向导”。

这套“通识简说”，特点就是简明扼要、生动有趣，一本薄薄的书就能打开一个学科殿堂的大门。这是一套介绍“通识”的书，也是可以顺藤摸瓜、引发不同领域探究兴趣的书。这套丛书覆盖文学、历史、社会和自然科学的方方面面，第一期先出十种，分为国学和科学两个系列。《回到远古和神仙们聊天——简说中国神话传说》《古人的作文有多精彩——简说古文名篇》《简说动物学——动物明星的生存奥秘》《简说天文学——“外星人”为何保持沉默？》……看到这些书名你就想读了吧？选择其中一本书，说不定就能引起你对这门学科的兴趣，起码也会帮你多接触某一领域的知识，很值得尝试哟。每本书有十多万字，读得快的话，几天就能读完，读起来一点都不累。图书配的漫画插图风趣幽默，又贴合主题，也很有味道。

希望“通识简说”接下来能再出10本、20本、50本，让更多的孩子都来读这套简明、新颖又有趣的书。

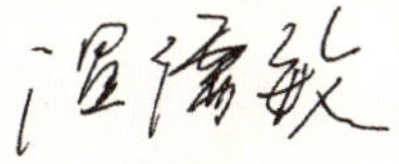

（作者系北京大学中文系教授，统编语文教材总主编）

开篇的话

你有多久没有仰望星空了？我每晚都怀着敬畏之心仰望苍穹，只是有时能看到璀璨星空，有时会遇到乌云蔽天，更多的时候，星光都被城市的光晕掩盖了。

无论我们看到与否，繁星都在那里。繁星之间曾是人类的起源之地——构成地球生命的重元素都源于古老恒星爆炸后的碎片，甚至地球上的最初生命都可能来自星际有机分子；群星也将是人类的归宿——当地球表面再也没有无人踏足的区域后，当太阳系发生灾变之时，太空毫无疑问地将成为“新边疆”，激励着充满拓荒精神的人去探索、开拓。

当然，这一切能否发生，完全取决于我们对于星空的认识水平，也就是天文学研究的水平。天文学是一门古老的学科，它的研究对象是宇宙中各式各样的天体。几千年来，人们主要是通过接收天体发出的辐射来发现它们的存在，测量它们的位置，研究它们的结构，探索它们的运动和演化的规律，从而一步步地扩展对宇宙的认识。

今日的天文学不仅包括测定恒星位置、记录行星运行、编制历法等传统内容，随着天文学与物理学、化学、生物学等学科的交叉融合，还诞生了天体物理学、天体化学、天体生物学等新的天文分支学科。得益于航天技术的进步，人类不但可以把天文仪器发射到太空中进行观测，甚至可以发射星际探测器，接近过去可望而不可即的研究对象。

这样一来，人们看待天体的方式也不同了。以月球为例：两千年前，月亮是神话传说的想象源泉；两百年前，月球是制图家的最爱；如今，月球、水星已经成为地质学家研究的目标。同样，大气学家在火星、金星上也有了用武之地。在可以预见的未来，月球上将建立长期有人照料的科研基地，火星上也会出现人类的足迹。

至于神秘莫测的“外星人”是否存在，会是什么模样，这属于天体生物学的研究范畴。天体生物学家通过观测与计算，可以推测出何种组成物质、处于何种位置的星球更可能存在生命。

由于天文学家研究的信息大多是遥远天体在过去发射出来的，所以他们在某种程度上也是“历史学家”，研究着天体过去发生了什么事情。然而天文学家并不满足于仅仅研究宇宙过去是什么样子，他们还试图成为“未来学家”，尝试预测各类天体乃至整个宇宙未来会变成什么模样。

天文学家探寻的目光经由射电、红外线、可见光、紫外线、高能射线、中微子、引力波等扫描着宇宙，试图勾勒出宇宙过去、现在和未来的面貌。他们更多的是在电脑屏幕前工作，而不再像过去的同行那样需要“仰望”星空了。然而，对于普通人来说，天文现象还是在头顶上发生着。对星空的仰望，对神秘宇宙的探寻，象征着抽离日常生活的庸常，接续哲人亘古的追问——我是谁？我来自哪里？我要向何处去？

目录

3 你在哪里 / 75

4 天地悠悠 / 121

1 天赐芳邻

第一章

月亮消失会怎样

“当你不在看月亮时，它是不存在的”—— 一位唯心主义者肯定地说。其实无论月球存在于38万千米以外，还是仅存在于我们的想象中，它都以无可辩驳的事实深刻地影响着地球和地球上居住的人类。

月球与生命

水是大自然对地球最慷慨的馈赠。地球上最原始的生命（距今35亿年前）就诞生在早期的海洋中。随后的30余亿年里，地球上的生命经历了几次大灭绝，但每次又都在海洋里顽强地重生，再次繁盛。与此相反，陆地一直是条件恶劣的不毛之地，连最原始的细菌也无法在上面生存。

月球以它柔和的引力（大约是1.98×10^{20}牛顿）轻轻牵扯着地球，就像是小朋友依恋地拽着妈妈的裙角。地球上直接朝向或背向月球的区域被这个力拉起来。如果这里是海洋，就会形成潮汐。地球每自转一周，海洋都会有两次潮涨潮落。月潮把富含有机物的海水带到陆地边缘。在海陆交界处，一些喜氧生物顽强地生存下来，成了最早的陆地生物。4亿年前的一天，一条长相古怪的鱼被潮水留在岸上。它拼命地张着鳃，扭动着身体，终于跳回了海洋。后来，它的后代渐渐能适应短暂的陆地生活，直到有一天它们深入岸上太远，以至无法返回海洋。这些早期的两栖动物是包括我们人类在内的所有陆生脊椎动物的直系祖先。

可以说，是月球直接促成了生命从海洋到陆地的发展。时至今日，月球还在影响着地球生命，人类自己的心理和生理也不断受到月球公转周期的影响。

月球与历法

很明显，“月”这个词在汉语里有双重含义，至于英语中的“month”和“moon”是否也有此渊源就不得而知了。一万年前的游牧民族为了确定季节以决定是否迁徙时，就已经有目的地观察天象了。起初他们只有“日”和“年”的概念，后来，月相变化的周期为人们所注意，一年便被人为地分为12等份。人类可以精确地把握播种时间后，农业文明产生了。

公元前19世纪，两河流域的古巴比伦帝国已经用“月”来计时，每月平均为30天。为了使历法年与回归年等长，他们还设置了闰月。不但如此，今人所用的“星期”也是古巴比伦人发明的。月球与太阳及五大行星各自代表星期中的每一天。

几乎所有的古代文明在其历法中都有“月”的概念，古代天文学家还依照月球的月相周期编制了诸多大同小异的太阴历。现在中国民间流行的农历就是一种充分考虑了月球周期的阴阳合历。

月球与科学进步

作为距地球最近的天体，月球自然吸引了人们最多的注意力。很早以前的古希腊人就从月球的形状出发推测出脚下的大地是球形的。

1609年12月的一个夜晚，伽利略用自制的望远镜对准月球，惊奇地发现月球的表面凹凸不平，根本不像教会所说“天体都是完美无缺的”。作为一个坚定的哥白尼学说的信徒，伽利略不知不觉地从他所观察到的月球阴影区内的亮点和黑斑中，得出了有关月球表面情况的结论。他设想，月球的表面与地球的表面是相似的。因为他通过新发明的望远镜注视月球时，“看到了”与地球上类似的情况。天和地是统一的，这一发现给了他驳斥宗教谎言的勇气。

几十年后，牛顿提出万有引力定律时，月球同样帮了大忙。他为了验证自己关于“引力随距离的平方而减小”的想法，只能从天体的运动中寻求支持。无疑，只有月球能担此重任。当地月距离和月球公转周期被精确测定后，万有引力理论被证明是正确的。如果我们没有月球这个可靠的邻居，在当时的条件下，牛顿将没有任何办法验证自己理论的正确性，科学的发展恐怕要延迟许多年。

又过了两个多世纪，月亮帮忙验证了另一位科学巨人的理论，并使之扬名天下。这个人比牛顿走得更远，他就是爱因斯坦。在1919年5月29日普林西比岛发生的日全食中，天文学家观测到遥远星光经过太阳时发生了偏转，证明广义相对论指出的空间弯曲确有其事，全世界为之轰动。要是月球的大小不足以恰好遮住太阳，任何掠过太阳的星光都将不可分辨。从这一点上看，拥有这样的卫星真是现代科学的福音。

月全食美景

月球与自然

1959年，苏联发射的“月球3号”探测器第一次拍摄到月球背面的照片，人类得以目睹神秘的月球背面。月球背面比正面有更多的陨石坑，几乎达到了饱和的地步。可以想见，如果没有月球这面天然盾牌，这些陨石坑就要在地球上安家。如果那样的话，地球的自然史怕是要改写了。

现在人们知道，月球的引力为地球提供了一个抑制力矩，使地轴在其旋转平面上的倾斜保持在23.5度左右。这个度数保证了温带有分明的四季。而没有大卫星的火星则极不稳定，在星体形成之初，它的自转轴可能在10~50度的大范围内摆动。没有什么生命可以经受如此大的变动引起的气候变迁。

除了季节，月球还影响着昼夜节律——它使我们的一天变得更长。海洋的潮汐通过摩擦作用给地球自转施加阻力，地球转得越来越慢。实测表明，地球的旋转正在以每世纪0.002秒的速度变慢，向前追溯到恐龙时代，那时的一年有385天。地月系的机械能因此而减少。为补偿这种损耗，月球离我们的距离在拉大。现代激光测距表明，月球正以每年3.9厘米的速度远离地球。

月球与宇宙探索

有人把月球比作人类的灯塔，它一如既往地把柔和的光芒洒向大地，召唤人类走出摇篮，迈向星际。

中国古代就有嫦娥奔月的神话，西方的开普勒、伽利略也把月球定为人类飞天的第一站。这个夙愿直到1969年7月20日“阿波罗11号”宇宙飞船的登月才实现。人类实现了巨大的飞跃——尽管这一步只跨出了38万千米，但它标志着真正星际探索的开端。

月球真是大自然垂青人类的最好表现——它既不远得

难以到达，也不近得一蹴而就，它只等待那些科技水平足够高的智慧生命来触摸自己。登月的成功使人类对自身的力量有了新的认识。万一不存在月球，面对茫茫繁星，人类敢于贸然登临遥远的火星或金星吗？也许不会。月球是跳板，是通向宇宙的桥梁。21世纪内很可能有第一批定居点在月球上建成。届时，庞大的太空船队会从那里出发飞向太阳系的深处。5个世纪前，勇敢的水手们也曾在月光下扬帆驶向未知的海洋，奔向遥远的新大陆。

如果没有月球

答案很简单，如果没有月球，地球上不会存在我们熟悉的生命形式，或者说陆地永远是蛮荒之地。受水的黏滞力所限，海洋生物即使有智慧也无法产生像我们一样的工业文明。它们可能构成有组织的社会，但没有可以建造房屋与制造工具的肢体。

也许地球上永远进化不出智慧生命：陨星不时地给地球以致命一击，生命的链条还没延伸到文明阶段就断裂了。或者，随着地轴频繁的摆动，大海不时被冻成大冰坨……存在着的动物为适应漆黑的夜晚可能都长着可以看见红外线的眼睛……

幸运的是地球拥有月球，大自然也因此变得生机盎然。现在我们知道，天上的这个月亮确实无愧于无数文人墨客对它的称颂。

第二章

都是月亮惹的祸

目力所见，月亮是夜空中最明亮的星体，也是距我们最近的天体，故而在群星中得到了我们最多的关注。早在四千年前，美索不达米亚平原地区的先民就创造出了根据月亮盈亏编制的太阴历。我国古代不但使用阴阳合历，更认为“月为太阴之精”，且有月食时“王者必亲击鼓”以禳救的规定。上行下效，民间在月食时也要敲锣打鼓，生怕天狗吞下了月亮。

月亮影响人间事

月亮怎么这样重要，让上至九五之尊下到黎民百姓都要关心它的“生死”呢？说起来，月亮对于地球上的环境和生物的影响还真是相当巨大。古人早就观察到潮汐现象同月亮的圆缺有关，同时月相的变化也影响许多不同的动物，特别是夜行动物的行为。有些动物会在某些月相期间繁殖，也有一些动物随着月相不同而改变猎食习性。在古代，不管是东方人还是西方人都普遍认为月亮拥有魔力，所以那些在满月时活动的动物在人类的想象中往往和魔法或巫术联系在一起。尤其是狼群有对月嚎叫的习性，这更令欧洲人认定狼是神秘的动物。这些动物行为的改变可能是狼人传说的由来之一，特别是狼人在满月时会变身传闻的由来。

对于古人把精神失常和霉运等一些不幸归罪于月亮的

做法，科学界一直嗤之以鼻。但最新研究表明古人的看法也并非全是虚妄之言，月亮对地球的影响远远超过了我们先前的想象。在对50多项研究结果进行综合分析后，科学家指出，月亮盈亏不仅影响海洋潮汐，还会影响人体健康。

引力作祟

有科学家认为月亮圆缺与人的心理、情绪的联系纽带是万有引力。“月亮会影响人的情绪”，这种看法出自美国迈阿密市的精神病医生阿诺德·利伯尔。利伯尔在他写的《月球如何影响你——生物潮与人的情绪》一书中提出了这样一种观点：人体80%以上是水，故而会像地球上的海洋那样受月亮影响产生潮汐；另外人体细胞会受磁场影响，月球磁场会作用于人体细胞，月亮的引潮力与磁场影响着人的精神活动。据利伯尔观察，当满月涨潮时，迈阿密市的精神病人发作更为频繁，社会治安问题更多。

利伯尔还根据自己的理论和经验，在一次特大潮汐来临之前，向当地新闻界、警察局、精神病院发出警告，要他们注意这期间人们的反常行为。他预言：“1974年1月将发生高海潮，人们的行为将普遍受到干扰。”

后来，有中国研究者在上海市精神病防治院（今上海市精神卫生中心）查得1974年1月的门诊人次是12 173人次，比2月（12 300人次）还少，竟是全年门诊人次最少的月份。1974年1月的凶杀案也不见增加，居该年第八位。上海市与迈阿密市的地理纬度相当接近，按说两地受到的月球引潮力应该相当才对，但上海市却未发现人们行为受干扰的现象。

有人认为月亮的引力变化并不会对人体产生多大的影响，因为月亮引力本身变化的幅度就不大，作用到人体上的力量变化就更小了。美国的精神病学之父本杰明·拉什曾经长期观察精神病人在月亮盈亏各个阶段的表现，但是发现二者只在很少数的案例中存在联系。

月光光、心慌慌

另外一种看起来更为朴素的观点似乎更有说服力。这种观点认为，月亮对人体的影响现在已经比过去弱了，原因就在于人类活动对于月光的依赖性减弱了。

在19世纪照明用煤气灯发明之前，人们在夜晚的室外活动大多依赖于月光。所以在月圆之夜，人们在室外的活动要比平常多得多。因此，在月圆之夜发生案件的比例自然会升高。此外，室外活动增多，睡眠时间会相对减少，长此以往则会引发狂躁。月亮的周期盈亏变化，会间接引发人的大脑清醒程度的间歇性变化。这可能就是月圆之夜人们容易产生情绪变化从而引发很多问题的原因。

波兰科学院的迈克尔·齐梅基博士指出，月亮盈亏的确影响了妇女怀孕、月经、婴儿出生率、车祸、犯罪与自杀等人类行为。但是在现阶段还很难解释月亮对人类产生影响的确切机理。首选答案是月光变化影响了人的类固醇和褪黑激素水平，继而影响了人体的免疫反应。而生理周期的改变可能是受到了类固醇和内生褪黑激素的调节。月亮的引力牵引或许诱发了激素释放。

究竟月亮对地球上的生命活动是否有影响？影响的原因何在？恐怕还需要科学家做更深一层的研究。

第三章

撞击月球为哪般

人类留在月球上的物体超过170吨，但是只有382千克月球物质被带回到地球上。撞月能够就地研究月球物质，花费低廉。

翻“月”三尺

作为距离地球最近的天体，月球一直吸引着天文学家的目光。但在火箭技术发展起来之前，对月球的研究只有远距离观察一种方法。航天时代来临后，科学家才能将科学仪器发射到月球附近做近距观测，甚至还可以着陆月球，品尝这个西方传说中的“奶酪”、东方故事里的“月饼”究竟由什么物质构成。深入了解月球，不但能够发现其潜在利用价值，更能从中获得太阳系天体早期演化过程的线索。这样的线索在地球、金星、火星等有大气和火山活动的行星上早已消逝了。

月球表面的矿物都会吸收不同波长的光，进而表现出不同的光谱特征。但月面之下的岩石、土壤与表面是否一样就是一个谜了。这个谜一直保持到美国、苏联的宇航员和无人探测器从月球带回标本为止。50年来，为了把月球物质带回来，美国曾动用了有史以来最大的火箭，花费了几百亿美元。其他国家或是没有财力进行载人登月，或是没有技术进行“落月—返回”，只能用间接手段探知月表下的秘密，而通过撞击把它们翻出来就是一个好办法。

曾经的先行者

儒勒·凡尔纳在1865年创作了一个著名的探索月球的故事，主角是一颗载人炮弹（见科幻小说《从地球到月球》）。虽然儒勒·凡尔纳一向以科学预见力著称，但他绝不会料到后来会有那么多探测器前赴后继撞向月球。

1959年9月14日，人类掌握人造卫星技术不到两年，苏联的“月球2号”就击中了月球，成为有史以来第一个与月球亲密接触的人造物体。“月球2号”发现了月球没有磁场，而且月球周围没有像范艾伦带一样的辐射带。下一个真正的撞月成就由1964年美国发射的“徘徊者7号”探测器完成，在它撞向月球的最后17分钟里，它发回了4000多张月面图像，甚至在撞击前0.19秒，还传回了一张密布小凹坑的月面照片。

这些在月面上粉身碎骨的探测器至少回答了一个基本的问题：月球表面能承受住载人飞船的重量吗？此前，曾有著名的天文学家推测月面上被深厚尘土覆盖，宇航员登月是不现实的。随着航天技术的进步，用反推火箭控制的软着陆成为可能，月球探测器得以保全，可以降落在月面上从容不迫地进行探查了。从1965年的“徘徊者9号”开始，再也没有专门设计为硬着陆的探月器。为了帮人类登月打前站，此后美国、苏联所有的探月器都是软着陆。待登月竞赛分出胜负，月球一下沉寂下来，等到人们再次关注月球，已经是20世纪90年代了。

近些年，累计有日本“飞天”探月器的子卫星“羽衣号”（1993），美国的“月球勘探者号”探月器（1999），欧洲的SMART-1（2006），印度的“月船撞击探测器”（2008），日本的月亮女神中继星（2009）等多台探测器受控撞月。这些撞月器一改过去仅仅以传回图像为目的，探测手段更加丰富，它们往往将获取图像与光谱分析相结合，开启了撞月考察的新时代。

科学地撞击

也并不是所有的月球探测器都以撞击来结束探月使命。印度于2008年10月发射的“钱德拉扬1号”探月卫星就是先释放一个月球撞击探测器（MIP）撞月，再开始其他探测任务的。

MIP与“月船1号”分离后，经过25分钟坠落，才与月球表面碰撞。在此期间，它一直通过“月船1号”中转，向地球传回信号，其中就包括不断减小的高度数据。在即将接近月面时，反推火箭启动，减缓了MIP的着陆速度。与此同时，“月船1号”上搭载的仪器通过分析MIP因撞月溅起的月球尘土，可以检测月球上是否存在水冰、有机物等物质。事实上，在撞击后不久，“月船1号”就在尘埃云中检测到了水冰的存在。

当年“阿波罗”飞船带回的月面样本大多取自月球正面的赤道区域，导致人们对月球两极和背面的了解非常有限。所以后来的月球探测计划多着眼于可能存在水的月球两极。拿“嫦娥一号”来说，虽然它的撞月点也是位于赤道区域，接近苏联“月球16号”和“月球20号”的着陆采样点，但其绕越轨道是跨越两极的，目的就是为了探测极地的水冰分布。

印度的MIP并非一块实心疙瘩，它上面有雷达高度计、图像采集系统和光谱仪等设备。其中光谱仪用来检测存在于月球表面的极其稀薄的大气。据印度航天专家说，MIP的首要任务是验证月球着陆技术，为今后在月球表面选定地点软着陆提供参考。

与印度相似，“嫦娥一号”卫星撞月的目的也是为后续任务开展有关验证试验，积累数据和经验。撞月过程按照“轨道从高到低，风险从小到大”的原则，在“嫦娥一号”卫星开展了卫星平台有关技术试验和卫星变轨能力、轨道测定能力的10余项验证试验，为接下来更为复杂的二期、三期探月飞行降低了风险。撞月过程中，“嫦娥一号”卫星上的CCD（电荷耦合器件）相机还实时传回了清晰的图像。

为避免人造物污染月球，崇尚环保理念的欧洲人尽量选取月球上已经存在的元素（比如铝、铁、碳、氢等）制造SMART-1。用欧洲航天局的话讲，从物质构成的角度来看，SMART-1就如同一颗“人造彗星”而已。但这也带来一个麻烦，撞击后SMART-1的碎片与月球物质混合到一起，很难分辨哪些属于月球，哪些来自地球。因此在撞击前科学家便开始清查SMART-1上铝、铜、钛等金属元素的构成，届时从光谱分析中得到的数据除去这些地球来客，剩下的就是月球的构成了。地球上的观测者们可以对撞击的亮度、喷溅、外大气层效应等可观测特征进行检测。观测者的测量手段包括：红外热成像，喷发物的可见光/红外成像，肼焰检测，喷发物后期描述和外大气层效应。欧洲航天局还将用以后发射的绕月卫星，对撞击后形成的月球坑继续进行探测。

净重只有287千克的SMART-1撞击在月表上形成了一个方圆3到10米、深1米的坑，激起的尘埃云团有十几千米厚。可以想象，重达2350千克的“嫦娥一号”撞击月球的场面更为壮观。

撞月政治学

月球是夜空中最明亮的星体，月亮在各国文化中都具有独特地位。对月球的探测既有科学意义，也有文化乃至政治意义，象征着对科学知识乃至对月球本身的占有。

因为冷战时期意识形态对抗的存在，探月活动从一开始便与政治挂钩了。当年“月球2号”发现了月球没有磁场，但媒体大肆宣扬的却是最具噱头的撞击月球，并把这看作苏联技术超越美国的象征——尽管撞月在当时并不具有科学意义。因为事前有预报，全世界的观测者都守在望远镜旁，希望目睹这历史性的撞击。为了能将宣传效果最大化，当时的苏联领导人赫鲁晓夫特别要求航天部门把发射安排在他开始对美国进行国事访问之时。与“月球2号”一同上了月球的还有两枚镶有苏联国徽的标志物。撞月第二天即9月15日，赫鲁晓夫毫不掩饰得意扬扬的笑容，把这样一个带有苏联国徽的标志物复制品送给了美国总统艾森豪威尔。后来，尼赫鲁、戴高乐、苏加诺都收到了这样的礼物。

时隔近半个世纪，作为地区大国的印度也没有错过“撞月”这样一个凝聚民族精神、彰显大国实力的机会。2008年11月14日，印度媒体《印度快报》以“三色旗（印度国旗）登上月球”为题，称印度已经继苏联、美国和欧盟后，成为第四个有能力把物体送上月球的国家。还将这次撞月称为“完美的操作”。MIP撞击月球的日子恰好是印度首任总理贾瓦哈拉尔·尼赫鲁的诞辰（11月14日），所以意义更显深远。1962年，正是在尼赫鲁当政时，印度开始了自己的航天计划。

当然，把国徽国旗送到月球上并不代表拥有了对月球的主权。月球和地球一样，是一个自然天体，月球及其自然资源是全人类的共同财产。

撞月实不易

月球的引力场比较复杂，对绕月物体轨道的影响很大。具体到“嫦娥一号”上，它的环月飞行轨道每年将下降100千米，因此在正常情况下需要每50天做一次轨道调整，这样才可以把卫星距月面的高度稳定在200千米左右的范围内。

2006年SMART-1撞月时也是小有波折。根据计算，它会提前撞上月球表面一个陨石坑的凸起边缘。为此地面控制人员曾紧急提升它的轨道高度，以保证它能以大约1度的极小角度擦着月面滑过，溅起更多的岩石尘埃以供观测。

“嫦娥一号”也曾多次变轨。2008年12月19日“嫦娥一号”进行了轨道机动，将轨道近月点降至距月面17千米。由于月球引力场的影响，到当天中午，“嫦娥一号”卫星环月轨道近月点已漂移至距月面15千米。第二天上午8时，“嫦娥一号”再次实施轨道机动，重新回到距月面100千米的极轨圆轨道。经过这些轨道机动演练，“嫦娥一号”具备了精确定点撞月的能力。2009年3月1日的撞月，不但为“嫦娥一号”的使命画上了圆满句号，也为中国月球探测后续工程和深空探测奠定了坚实的基础。

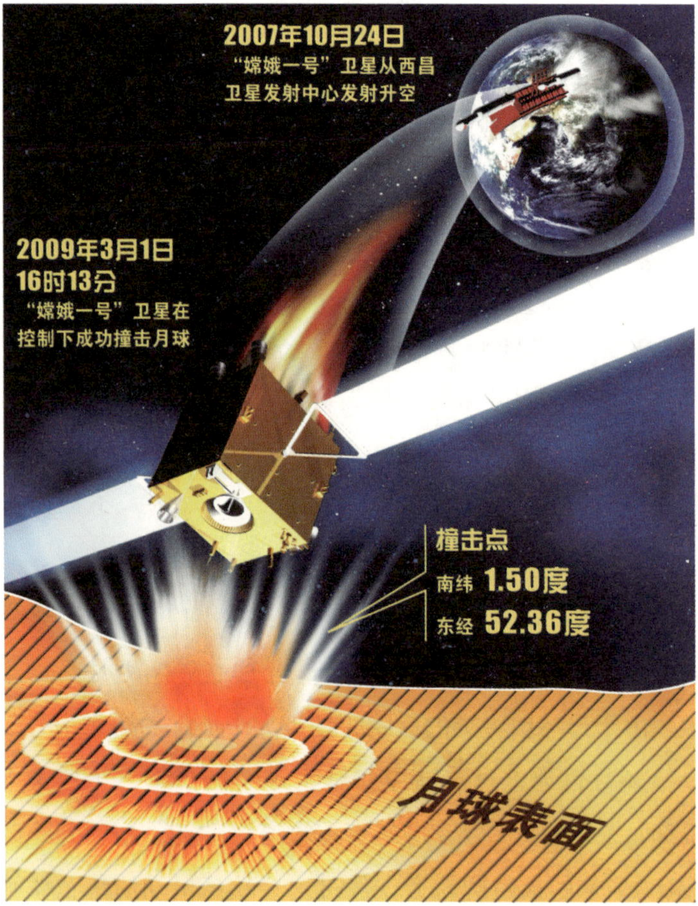

“嫦娥一号”卫星成功撞击月球

第四章

月球基地：开拓第八大陆

月球是距地球最近的自然天体。如果把太空比作海洋，飞船和空间站不过是小小的渡轮和船舶，总有倾覆的风险；而月球则是离我们最近的岛屿，从这个岛屿上还可以向各处发射飞行器，堪称“不沉的航空母舰”。

因为月球条件如此得天独厚，友好的外星人才会把“信标”放在上面期待人类发现（《岗哨》），邪恶的外星人则把它当作侵略的前进基地（《天煞》），就连来自赛博坦星球的智能机器也要选择这里坠毁（《变形金刚3：月黑之时》）。抛开这些幻想不谈，一些严肃的航天工程师认为，在月球上停留更长的时间是实施载人火星飞行的必要前奏。建设一座月球实验室将有助于科学家认识微重力、尘埃和辐射对人体健康的影响。这对于随后的载人火星飞行很有帮助。

在月球上建立基地有以下优势：首先，月球的引力只有地球的六分之一，从月球向太空发射航天器所需的能源和资金均要少于地球。其次，深空探测的装备可以在月球上组装。再次，月球与地球的距离很近，与地球的通信延迟很短。此外，月球两极含有水冰，可以支持人类生存。天文学家将有可能在月球表面验证新技术。想得更远的科学家甚至说，在月球上可以建天文台、采矿点，可以收集核聚变燃料氦-3，然后将其运回地球。

阿波罗飞船登月舱质量为15吨，发射它的“土星5

号”火箭质量是3000吨，二者比例为1∶200。这说明把地球的物资带上月球有多么不经济。地球最好只为月球基地提供人员、知识以及工作母机等最必要的东西，其他的建筑材料、能源甚至食物都得就地取材，否则经济上难以为继。

水气火土

古希腊人认为万物是由“水、气、火、土”四种基本元素构成。虽然元素周期律否定了这种说法，但这四种物质确实是人们要生存下去所必需的物质。

人们形容一件东西重要，常说“像空气和水一样不可或缺”。在真空的月球上，氧气和水正是宇航员活命最先需要的东西。氧还是目前的液体火箭发动机必不可少的助燃剂。因为旅途漫长，从地球运送氧气和水到月球的费用异常昂贵。各国都在探索如何在月球上就地取材解决氧气与水的问题。

无论是印度的“月船1号”还是日本的“月亮女神”探测器，都把找水作为第一要务，因为通过电解水可以得到氧气和氢气，而电力可以通过太阳能或者核反应获取——月球上没有风霜雨雪，太阳能发电效率很高；在蛮荒星球上更不必担心核泄漏的后果。

除了直接找水，也有人独辟蹊径，希望从月球土壤中获得氧气。这听起来好像中世纪的炼金术神话，其实现代的化学炼金术比老祖宗高明百倍。美国佛罗里达技术学院正在研究利用覆盖在月球岩石上的表土制造氧气的可能性。该研究的根本目的是利用电化学还原熔盐电解质中的金属氧化物，从而制取氧气。

“火”象征能源，这是月球基地的技术难点。实施阿波罗登月计划时已使用了小型核反应堆，但它提供的动力只够留在月球表面的科学仪器工作。如果美国计划在2030年之后将宇航员送上火星，所有的燃料、水和其他物资将与宇航员同时或预先由机器人航天器运输，机组规模还将进一步扩大，以防在星际旅途中有人生病或死亡。此外，在月球上建立定居点，需要有功率较强的核反应堆。这些核反应堆的功率为40千瓦，反应堆上方的黑色面板是散热器，可用来排放过剩的热量。为了防止宇航员受到核辐射伤害，这些东西都放置在与居住地有一段距离的地方，而且周围被成袋的月球土壤包围。

“土”可以制作建筑材料，隔绝真空、陨石、低温与辐射，还可以种植庄稼，提供口粮。美国宇航局（即美国国家航空航天局，英文简称NASA）戈达德航天飞行中心的科学家们将炭、胶以及月球土壤按照一定比例混合后，制造出一种月球混凝土。这是一种“胶黏而发出臭味”的物质，并且像混凝土一样坚固，足以在建造月球基地时担负大任。

月球基地前传

1954年科幻作家阿瑟·克拉克提出了一个建造月球基地的方案。他设想用充气组件包覆月球基地以避免尘土进入。当时人们曾认为月面上沉积着厚达一英里的尘土。为建筑这座基地，首先要向近地轨道发射一组飞船，登月宇航员和基地建筑模块被装载在不同的飞船上，分别着陆以降低风险。为与地球保持通信联系，货物中还有一条充气式天线桅杆，可减少运输时的体积。当临时基地建成后，便开始为建设更大的永久基地圆顶做准备。永久基地将采用藻类制氧，以核反应堆提供动力，用电磁轨道向行星际空间发射货物和燃料。克拉克不愧是科学预言家，把这个方案放在21世纪的科技背景下观察仍不过时。

冷战和太空竞赛为月球基地等看似荒诞不经的项目敞开大门。这些项目大多要消耗天文数字的金钱。

“地平线”项目是美国军方于1959年开始的一项研究。计划是到1967年在月面建立一个前哨站。项目负责人海因茨·赫尔曼·科勒在二战期间是德国火箭工程师，后服务于美国陆军弹道导弹局。根据“地平线”项目的计划，首批登月者将是两名军方宇航员，他们在1965年登月，更多的建筑工人将接踵而至。通过大量的航天发射（61枚“土星1号”火箭和88枚“土星2号”火箭），到

1966年，将有245吨的物资被发往前哨站。

Lunex项目是美国空军1961年设想的载人登月/月球基地计划。计划是到1968年建设一个能容纳21人的“地下”（实为月面下）空军基地。按当时币值，估算要花费75亿美元。这显然低估了登月的烧钱水平。后来的阿波罗计划仅仅将12个人分批送上月球就花费了254亿美元。

月球农场

民以食为天，在月球也不例外。对于长期航天飞行来说，实现食品自给，是减少飞船载重的首选。美国宇航局艾姆斯研究中心曾为航天飞机研制一种“色拉机”，可为宇航员提供莴苣、黄瓜、胡萝卜等新鲜蔬菜色拉。苏联也曾在“礼炮7号”空间站上进行种植洋葱、黄瓜、萝卜的实验，以供宇航员食用。近几年美国、俄罗斯等各国也在加紧研究在空间站种植小麦、花生、大豆等粮食作物，实现通过生物技术将宇航员的代谢废物转变成食物的过程。但这些植物并不能提供人体所需的一切营养成分。科学家提出，为保证宇航员健康，应该让他们摄取足够的动物蛋白质，而且可以把动物蛋白质获取过程中所发生的代谢作用与密闭系统的物质循环结合起来。因为鱼类和两栖动物具有较短的生命周期而成为比较理想的太空食物，目前已选择研究的鱼类主要包括鲤鱼、虹鳟鱼、罗非鱼、剑尾鱼等。此外，欧洲国家和日本分别对海胆、蜗牛及蝾螈进行了研究。中国学者也提出在太空养蚕作为蛋白质来源。不过，上述动物对饲养条件都比较敏感，口感也不如地产的鲜美，太空养殖尚处于实验研究阶段。

只有完成了永久性月球基地的建设之后，才有可能利用太空温室培育的蔬菜或其他植物。科学家还在研究用化学、物理方法合成氨基酸，如培养蛋白质含量较高的小球藻，以制备月球食品。以目前的技术来看，人们在月球上培育植物或制备食品，尚难以保证解决月球基地食品的稳定供应。也许在相当长的时期内，月球基地上宇航员的食品还要依靠地球供应，但通过在太空种植蔬菜等作物，宇航员是能吃到“本地”新鲜食物的。

月球的漫长黑夜、剧烈变化的昼夜温差、高强度的太空辐射和花粉传播媒介的缺乏对于植物的生长很不利，使用人工照明去弥补日照的不足和种植速生农作物可以部分解决这一问题。据计算，要养活100人，至少需要一个采用立体栽培技术、面积5000平方米的月球农场。

建设四部曲

40年过去了，人类在月球上的活动仍限于12个宇航员的“一小步”。居无定所是主要原因。我们难以想象南极的科考队员能在临时的帐篷中度过半年时光。同样，未来的月球移民也不能总生活在类似油罐车的加压舱内，他们得住像样的房子。在科幻史诗片《2001：太空漫游》中，人类在克拉维乌斯环形山中建设了大规模的月球基地。而在《星际迷航：第一次接触》（1996）里，截至24世纪，已有5000万人生活在月球上。这一切不是没有可能。月球面积广大，达3800万平方千米。欧洲航天局在一份报告中称其为地球的“第八大陆”。而且，与地球房地产经济的最大不同在于，月球上“楼面价格”极其便宜，近乎白送。当然，目前的建设费用还是天价。

20世纪90年代初，美国休斯敦航天中心负责人温德尔·门德尔曾向白宫提出建设月球基地的详细计划。门德尔计划的第一阶段是发射探月卫星，为基地选择最佳地点作勘测，月球基地的选址和建设应在有水存在的地方。目前，科学家已经找到了建造月球基地的首选理想地点——位于月球南极附近的沙克尔顿环形山。环形山的边缘有80%的时间处于阳光的照射之下。距离该处只有10千米的位置还有两个区域，总共有98%的时间处于阳光的照射之下。科学家的设想是把生产电力的太阳能设施放置在阳光充足的区域，并通过微波或电缆与之相联。这样，位于沙克尔顿环形山边缘的区域就可以得到源源不断的电力供应。

第二阶段是施工阶段，将向月球运送起重机、挖掘机等基建机械，借助用微波炉将面包烤硬的原理，使用微波对地基进行硬化处理。

第三阶段是搭建临时工棚，人员、设备皆容纳在管道或圆舱中。这样的临时基地必须包括检测月球物质、基地成员健康状况和生活食品的试验舱，一个生活舱，一个储物舱，一个加工月球物质的小型化工厂，一个气闸舱以及两辆月球车。长期驻扎在月球基地的成员应当包括指令长、机械师、机械技师、医生、地质学家、化学家和生物学家。基地成员每两个月轮换一次，每次大约更换3~4名工作人员。

第四阶段将开采利用月岩中氧、铝、铁、钛、硅等资源，制取生活用氧，以及扩建月球基地所需的金属、玻璃等原材料。据测算，一座重量为1吨的小型试验型化工厂，在一年中可把10吨以上的月岩加工成氧、金属和玻璃。利用化工厂生产的产品和建筑材料，宇航员还能将月球基地扩建成为人类飞往火星的发射基地。

门德尔的计划也像所有大型房地产项目一样，耗资不菲。预计需投资上千亿美元，几代建设者必须不间断地努力一百年方能完成。这样的大型计划恐怕不是一个国家可以独自承受的。

月面交通

现在，地球上有些城市不允许电动自行车上路，但在未来的月球表面，不与人类争夺氧气的电动车将大行其道，睥睨一切内燃机汽车。各式电动月球车将担负起运送人员和物资的重任，堪称月球荒漠中的“骆驼”。

阿波罗计划中曾有“登月卡车”的设计。这是一个不载人的单独下降级，其设计荷载为5吨，用途是向永久月球基地输送器材和给养。最早设想的方案是由“土星5号”火箭将阿波罗卡车和一整组阿波罗宇航员一起送入月球轨道，并使阿波罗卡车降落在基地附近，再由月球基地上的宇航员把货物卸下卡车，最后，送货的宇航员返回地球。

与“阿波罗”时代的月球车最大的不同在于，新版月球车将有6个轮子。根据“勇气号”和“机遇号”在火星上的经验，如果有一个轮子出现故障，车辆仍能借助其余5个轮子正常行驶。这一规律在地形复杂的月球表面同样适用。而且，车子将不再有座位，宇航员都得站立驾车。

有过“春运”经验的人都知道，只凭站票进行长途旅行是异常难受的。美国宇航局的月球工程师考虑到在月面进行高速长途旅行的可能性。为此他们设想了一种可以在空中行驶的加压飞行器，每个飞行器中能容纳两名宇航员，可以通过喷口朝各个方向喷气来快速移动或者悬停。这听起来像是“鹞”式垂直起降飞机的加强版，但它比“鹞”式要复杂。毕竟月球上没有空气，所有喷出的气体都要自己携带。

科学研究的天堂

探测月球是科学家的主意，建设月球基地也是科学家在操劳，月球基地的第一批居民也将是科学家。有了固定居所以后，宇航员便可以进行长期试验，涉及的领域包括天体生物学、地理学、天文学和物理学等。还有一些研究会探索人类身体对低重力、高强度太阳辐射等外太空环境的反应。

欧洲航天局于2017年9月22日发布的3D打印月球基地效果图

天文学家素来仇恨大气层，他们不遗余力地把光学望远镜搬上高山，甚至送上近地轨道，就是为了减弱乃至消除大气层对天文观测的影响。当月球基地能够居住后，天文学家会立即架起望远镜，建立月球天文台，享受没有大气层阻隔的透明星空。而且，月球地质构造极为稳定，登月探测表明，月震放出的能量仅为地球上平均地震能量的一亿分之一，月震产生的月面移动约为十亿分之一米。这样的稳定性对于光学干涉测量是极为有利的，天文学家有望在月球上观测到遥远星体的微小位移。

月球阴影中的低温也为低温物理学家创造了天然的实验环境。他们不再需要用液氮来冷却仪器了，室外的温度比液氮还低，直接把仪器搬到室外就可以了。

月球商业

待各国政府将月球的基础设施建好，精明的商人会纷至踏月，寻找赚钱机会。美国的“月球勘测轨道飞行器”上搭载了一块芯片，记录了数百万个姓名。这都是从美国宇航局网站上征集的太空爱好者留名。公众对月球的热情可见一斑。

下一步，私人公司将把更具纪念意义的私人物品送往月球——情书、玩具、给“外星人”的礼品等等，甚至太空殡葬业也列入了规划。期待“与天地共不朽”的富者大有人在。美国太空城休斯敦市，有一家西莱斯蒂斯公司推出了“太空殡葬”服务。该公司目前已经开始接受“月球葬”业务的预订，第一个排队参加“月球葬”的人是美国太空地质学家马里塔·威斯特，当年正是威斯特负责挑选了“阿波罗11号”的登月地点。威斯特在1998年去世，她的两克骨灰目前已被储存起来，等待参加“月球葬”的发射任务。

更受人们欢迎的恐怕是月球地质远足、月面微重力疗养等亲身体验活动。月球具有数亿年不变的亘古蛮荒景致，足以吸引足迹踏遍地球三极的旅行家前往。月球表面重力只有地表的1/6，病患者在那里会发现自己身轻如燕，病痛也悄然而逝。地球上的运动健儿也可以利用微重力玩出许多花样，撑竿跳、跨栏、体操、跳水的运动形式将大不一样。也许，未来的奥运会将在月球基地设立分会场。当然这一切都所耗不菲，月球商业普及化还要靠太空运输成本的降低来实现。

有些乏味的商业活动最好不需要人来完成。目前地球上的氦-3储量仅有500千克左右，市场价是每千克150万美元。初步探测结果表明，月球地壳的浅层内竟含有上百万吨氦-3。在科幻片《月球》中，能源公司为了开采氦-3，逼迫工人在月球上忍受孤独的生活。如果今后能找出有效的氦-3开采方案，也未必需要派人前去。与远程操作相比，派人亲临的成本和风险要高很多。任何一项真正意义上的月基开采业务都可能大量依靠远程虚拟现实技术实现。

写《快乐王子》的王尔德说，英国的坏天气激发了殖民者的最初殖民冲动，而且去了之后就立地生根，永不回来。也许，未来的月球也能成为地球人类的避世天堂。月球不只是目的，它还是人类通达未来的跳板。月球基地将成为梦想者的庇护所，更多的梦想将从这里出发，飞向火星和更遥远的太空。

2

太阳系速写

第五章

星陨如雨话流星

出现在4月下旬的天琴座流星雨和在5月上旬喷薄而出的宝瓶座流星雨都令天文爱好者大饱眼福。在各种周期性的天文现象中，除了日食、月食，恐怕就数流星雨最受观星人的青睐了。回归周期短的彗星太少（76年回归一次的哈雷彗星不是每个人都能有缘相见），还有一些人宁愿相信“扫帚星”是凶兆而不愿面对它。结果，只有壮观的流星雨才能把人类的注意力从地面引向天空。

流星的生成

流星是星际空间的尘埃颗粒闯入地球大气层与大气摩擦，产热气化、发光而产生的现象。这些划过长空的尘埃颗粒就是流星体。流星生命短促，光芒转瞬即逝，所以人们有“见到流星许一个愿望，愿望就会实现”的美好想法——大部分人还没有回过神来，流星就已经消失了。尽管流星现象是偶发的，但是把范围扩大，每天还是有不少宇宙尘埃与地球不期而遇。据统计，每个夜晚在地球上能发生数万次流星现象。

当然，偶尔也会有“星如雨坠”的景象发生——大量的流星从同一个天区划落下来，这就是流星雨。如果这个天区属于某个星座，流星雨就会以这个星座命名。在同一天区，每小时出现的流星数超过1000颗时，人们称之为“流星暴雨”。

在流星雨发生时，不时可以看到非常明亮的流星轨迹，甚至可以听到流星在天上呼啸而过的隆隆声。这种流星叫作“火流星”，其光芒可持续2~3秒。有时火流星可接近至地表一二十千米处才消失。

星陨如雨

中国最早关于流星雨的记载见于《春秋·庄公七年》（公元前687年），其文曰：“夏四月辛卯夜，恒星不见，夜中星陨如雨。”

历史上最壮观的流星雨发生在1833年11月12—13日的美洲地区，当时成千上万的流星从天上坠落，大多是非常明亮的火流星，在极亮的火流星出现时，人们甚至可以看到流星光芒在身后映出的影子；有些流星掉落到近地面约几米的高度；有人同时看到15条以上火流星划过天际后所留下的余迹，达十几分钟之久；有些院落被这些小碎片砸得满目疮痍。由于这次流星仿佛都是从狮子座方向飞出的，所以被称为“狮子座流星雨”。

最早的狮子座流星雨是西班牙人记录的。据记载，902年10月，西班牙国王在临死前，无数的星星在天空流动，如下雨般地落下来。中国最早狮子座流星雨记录是在931年，根据《新五代史》记载，五代后唐长兴二年：“九月丙戌，众星交流。丁亥，众星交流而陨。”

狮子座流星雨的由来

1833年11月那次狮子座流星雨的骇人景象让许多目击者以为这是《圣经》上记载的“审判日”来临的征兆。但是也有较理性的目击者，耶鲁大学的一位教授就注意到几乎所有的流星都是从天空中同一个位置喷射而出，他试着测量了它在天空的位置。结论是流星辐射点在天空移动的速率和地球自转的速率相同，这说明流星雨的源头位于地球之外。

1866年，坦普尔与塔特尔各自独立地发现了一颗昏暗的彗星，他们观测了数周之后，计算出了这颗彗星的轨道，发现它的周期非常短，只有33.17年。当年11月，狮子

2018年11月18日，狮子座流星雨极大期发生在当天黎明前后，每小时的流星数量预计有20颗左右

座流星雨再次光临地球，欧洲的观测者计算了流星群的轨道，发现它们与这颗新发现的彗星轨道距离很近。

研究表明，坦普尔-塔特尔彗星正是狮子座流星雨的母体。当彗星逐渐靠近太阳时，由冰和尘埃组成的彗星气化，尘埃颗粒弥散开来，如果此时彗星与地球相遇，就会形成流星雨。虽然狮子座流星雨在每年11月17日前后都会发生，但最大期与坦普尔-塔特尔彗星的周期相同，是33年一次。较近的最大期在1966年出现，当时爆发了壮观的流星雨。倒是1999年这回，大家期待很大，却落空了。让众多天文爱好者，甚至是普通人乘兴而至，败兴而归。

流星的文化史

今天，人们通过在流星消失前许愿而把美好的愿望赋予流星，在过去则大不相同。在古代的欧洲，人们相信流星与灵魂有关，流星落下，表示有人要死亡。史书记载，当查理大帝最后一次在萨克森进行远征时，忽然有一颗流星掠空而过，光亮异常。大家正在诧异这个现象作何解释，查理大帝所乘的那匹马突然头朝下跌倒，猛然把他摔到地上，一代征服者就此殒命。

在中国占星学理论里，流星也被视作凶兆。唐代著名的占星家李淳风说：“流星者，天皇之使……星大则事大而害深，星小则事小而祸浅。”这种对流星的悲观看法深深根植于中国人的内心。在小说《三国演义》中，罗贯中安排了一颗流星陨落于蜀营，预示着诸葛亮的逝世。

但并不是所有人都把流星看得这么沉重。阿根廷北部半游牧的皮拉加印第安人就认为流星不过是星星的粪便。与这种缺乏诗意的看法相比，西方的基督教信徒把英仙座流星雨称为“圣洛朗的眼泪”就要文雅得多。原来，圣洛朗是在8月10日受火刑罹难的，那时不期而至的英仙座流星雨仿佛在为他洒泪。

现在的我们知道，这种发生在80~120千米高空中的燃烧现象与地上的事情毫无关联。也许只有真正的诗人才能体会流星之美。就像惠特曼在《流星年》中吟唱的那样：“当我匆促地穿越你们，然后立即坠落和消逝时，这支歌算什么，我自己还不也是你们那些流星中的一个？”

流星雨只是看看而已吗

由于流星出现天区的不确定性以及流星出现的瞬时性，专业天文台往往不安排流星的常规观测。但这并不表示观测流星雨只有娱乐价值，相当部分的流星观测资料要仰赖于天文爱好者的搜集。

观测并对流星雨进行研究可以帮助我们了解研究太阳系天体的运动规律；流星轨迹对研究地球高空大气物理性质有帮助；对流星雨做出正确预测还可以避免人造卫星、

宇宙飞船等航天器受到撞击……

为促进、提高和协调全世界的流星观测，从事流星观测的专业和业余天文工作者于1989年成立了“国际流星组织”（IMO），并于次年公布了新的观测方法和报表格式。我国流星资料汇总中心设在南京紫金山天文台，各地流星观测者的观测资料，经该中心筛选后报送IMO，并纳入目视流星资料库。

除了目视观测，还可以用收音机“听”流星。流星物质燃烧气化时，会在运动路径上留下一条电离气体轨迹，它的密度比大气电离层中带电粒子的密度还高，因而比电离层具有更强的反射电磁波的能力。因此，专业天文学家就利用流星余迹能够反射超短波的能力，用雷达技术来观测流星。但是对于业余爱好者来说，只要找一个合适的调频广播电台（超短波），使用灵敏度较高的收音机就可以用录音机记录电台信号的变化——平时接收不到该信号的地方，突然能收到这个信号。

拍照是得到流星信息最多的方式。从照片中可以看出（计算）流星的组成、运动方向、速度等特性。但是其中的专业技巧普通人不易掌握。如果仅仅为了留作纪念，以下的装备和技巧是必不可少的：带有“B”门或“T”门的相机以便长时间曝光；相机镜头视角越广，越有可能拍摄到更多的流星。要在流星出现的瞬间记录下它的轨迹，光圈越大越好，胶卷感光度越高越好；要有三脚架固定相机；使用可以自由锁紧的快门线操作快门；不要将镜头对准辐射点，而应该对准辐射点周围；等等。

由此可见，对流星雨的观测，绝不只是看看而已。它不但有观赏价值，更具科研意义。

第六章

如何防范小天体撞击的威胁

一颗直径50米的小行星能对地球造成什么危害？5万年前，一颗直径约50米、重约10万~100万吨、速度达10~20千米/秒的铁质小行星撞到现在美国亚利桑那州的一片高原上。撞击所产生的能量不小于几十颗氢弹爆炸的威力。现在，那个直径约1200米、平均深度达170米的半球形大坑还静静躺在那里，四周还有一条高达30多米的环状坑唇围绕着。坑中的许多石块都有经受高温熔化的痕迹，溅出的坑穴碎片，在10千米之外都能见到。

科学界普遍认为，一颗直径10~20千米的小行星撞击地球导致恐龙的灭绝——爆炸扬起的尘埃遮天蔽日，几个月的完全黑暗使全球气温骤降，大量植物和以植物为食的动物死亡了。碰撞点处石灰石释放的过量二氧化碳又在后来的几百年中造成温室效应，过度的升温灭绝了劫后余生的恐龙。6500万年后，“奋进号”航天飞机通过遥感在墨西哥尤卡坦半岛上找到了那个直径180千米的陨石坑。

最近的一次大撞击发生在1908年，一个不明物体在西伯利亚上空爆炸，摧毁了超过2000平方千米原始森林，扬起的尘土上升到10 000米高空，对当地气候影响数年。苏联科学院经多年调查得出结论，认为这是一颗直径仅为20~30米的小行星侵入地球轨道造成的。

要避免悲剧重演，需要提前发现靠近地球的小天体并对其轨道作出预测。与搜寻彗星不同，追踪小行星更多的是专业天文台才能胜任的工作。因为即使在最大的光学望远镜中，小行星也不过是长时间曝光后留在照相底片上的微弱光点而已。

20世纪70年代初，位于加利福尼亚的帕洛玛山天文台上一台口径0.46米的照相望远镜被专门用于搜寻近地天体。天文学家们每隔半小时对同一块天区照相。如果小行星离地球较近，就能相对背景恒星做显著的移动。如果望远镜的口径足够大，这种运动很容易从多次曝光的底片中识别出来。以前这些照相底片全靠人工识别，效率低而且易出错。进入90年代，电子探测元件和高速计算机取代了不那么可靠的感光剂和人力劳动。天文学家把电荷耦合器件（CCD）装在原来底片的位置上，通过它，望远镜搜集的遥远天体的光信号被转化成电信号直接输入电脑进行分析。用这种方法，观测人员一晚就可能发现600颗小行星（其中绝大部分在小行星带）。在CCD技术开始普遍应用的1994年，亚利桑那大学天文台发现了一颗在距地球不到105 000千米处飞过的小行星。与此相比，月球与我们的距离都是它的三倍多。

时至今日，我们只发现了向地球袭来的10%的小行星，而要确定它们的轨道，还需要长时间连续不断的观测。有科学家认为，如果我们目前对另外90%的小行星仍然一无所知，那么，当灾难来临时，我们将来不及应付。

对此，美国宇航局的国际近地小天体探测小组提出“空间警戒搜索网”的概念，建议在全球范围内建造6架2~3米口径的反光望远镜，并配以CCD探测器，专门用于近地小天体的发现和跟踪。

在宇宙空间，有可能危及地球的近地小行星估计有约1.9万个，但真正可能撞击地球的小行星直到目前还没有发现。即使真有小行星要撞击地球，天文学家也有办法将它推开。科学家预计，目前有1000~2000颗千米级以上的小行星定期穿过地球的轨道，这意味着理论上在新的千年里，一颗致命小行星可能有1%的机会与地球相碰撞。

现在人们已有能力通过事先观测、预警及空间拦截等手段，防止飞来横祸的发生。例如可以发射载核弹头的导弹，提前与小行星相撞。借助引爆的力量，只要将它推移一点点，失之毫厘，差之千里，它就可能偏离轨道，确保地球安全。另一个办法是用光学镜对准小行星照射，使之燃烧，从而改变其质量，使之偏离轨道。英国政府近地小行星特别行动小组则认为，最好的办法是在这些天体上安装一个太阳能装置，它将从太空中吸收太阳能并将其转化为电能，再通过发射离子束对这些近地天体不断施加微小的力，最后将它们推离撞击地球的轨道。当然这一方法要在很长一段时间后才奏效。

所有这些科学计划的制订与实施都使我们有理由相

信，科学家在公众的支持下有能力消除这些天外来客对人类文明的威胁。普通人所能做的就是以支持公益事业的态度支持这项事业，毕竟近地小天体这把利剑悬在包括你我在内的每个人的头顶上。

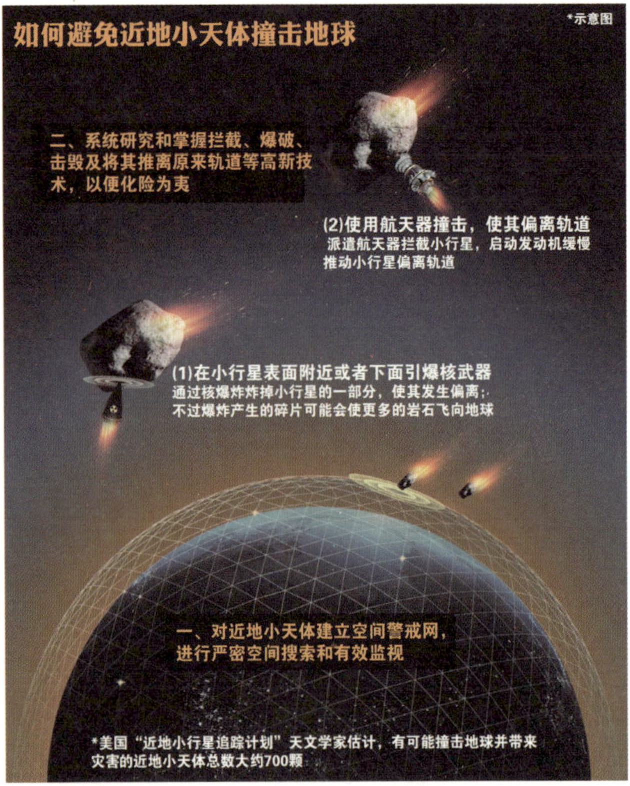

2013年2月17日新华社消息，距离俄罗斯与古巴遭陨石袭击不到18个小时，一颗直径大约50米的小行星昨日凌晨安全“擦”过地球，天文学家介绍，它是有记录以来如此接近地球的小行星中个头最大的一个，但不会对地球造成任何影响，目前它正逐渐远离地球

第七章

水星在缩小，铁核是罪魁

就在天文学家将目光投向太阳系以外，热切地寻找围绕其他恒星旋转的行星时，他们却往往忽略了太阳系内的异常星体。

水星是人类最早发现的行星之一，但也是我们了解最少的行星。早在5000年前，苏美尔人就把它归为行星之一。但由于水星特殊的位置，使人很难一睹芳容。一生都没能看到过水星的哥白尼曾抱怨："我们受够了这颗行星的折磨，它浑身是谜，我们在探查它的运行轨迹时真是历尽艰辛啊。"水星距离太阳最近时仅有4600万千米，任何大胆的天文学家想用望远镜直接观测水星时都不免担心强烈日光的干扰。即便在空间天文学时代，水星也是唯一一颗无法用哈勃太空望远镜直接观测的行星。只有抵近观察才能揭开水星的神秘面纱。2008年1月，"信使号"探测器飞越水星，成为33年来首个抵近这颗行星的人造物体。经过分析，科学家们已经得到了一些令人着迷的新结论。其中有些结论终结了自"水手10号"以来长达30年的争论。这些新发现解开了包括水星磁场、大气和火山活动等长期困扰天文学家的谜团。

微弱磁场的来源

20世纪70年代中期，美国的"水手10号"探测器曾掠过水星，拍摄了45%的水星表面，使科学家对水星有了初步的了解。但这次探测发现的问题远比它解答的还要多。水星的奇异磁场就是其中最显著的问题。“水手10号”获得的一个完全出乎意料的发现是，水星有磁场。这是除地球之外唯一一个拥有全球性磁场的岩石行星。不过水星的磁场强度仅相当于地球磁场强度的1%，迄今为止大部分的理论模型都无法解释为何水星具有如此微弱的磁场。

从理论上来说，行星只有快速旋转并拥有熔融铁核时，才能产生磁场。然而水星体积很小，大约仅为地球体积的三分之一。一般的经验是，大行星升温和冷却比较缓慢，而小行星升温和冷却比较快。水星太小，它的铁核温度不够高。水星的内核在很久以前就应该已经冷却凝固了。水星磁场到底是熔融的铁流动产生的，还是亿万年前磁性材质留存在外壳岩石构成的“化石”磁场？——这种局部存在的化石磁场曾经在月球和火星上被检测到。

为了解开这个谜团，“信使号”上的磁力计测量了水星磁场，并考察了水星外壳被磁化的岩石范围。“信使号”传回的数据显示，水星磁场的大部分并非来自水星核的内部，而是来自其外层，并且越靠近水星表面磁场越强。而且，磁场的形状符合简单条形磁铁产生的偶极磁场。驱动磁场的能量来自水星的外核，是由于铁质凝固下沉造成的。此外，在水星表面还观测到了复杂的磁场作用体系。

火山塑造水星表面

关于水星平原地形形成原因的争论早在1972年便已开始，当时“阿波罗16号”登月飞船带回了月球平原的数据。科学家认为，月球表面的平原是其他天体撞击的产物。1975年，“水手10号”探测器在水星表面拍摄到与月球平原类似的构造。当时大部分科学家都认为，水星和月球表面的演化过程相似，平原是由天体撞击形成的。

但还有一些专家坚信，水星表面的大部分平原应为火山活动的遗迹。这种解释的理由之一是平原的颜色与远古环形山稍有不同。但由于“水手10号”所拍照片上的分辨率太低，无法清晰地识别表征火山活动的地形特征，所以这些平原的形成原因一直无法确定。

现在掌握了“信使号”拍摄的高分辨率图片（每张图片像素150米），科学家有把握地说，火山活动在水星地质史上起了重要作用。从这些高分辨率图片可以看出，水星上有颜色分明的红色和蓝色区域。它看起来和月球并不一样。这些图像有力地证明了火山活动在水星表面形成的过程中扮演着至关重要的角色。现在死寂的水星在30亿到40亿年前曾有过剧烈的火山活动。

到目前为止我们看到的一切，说明水星表面的火山活动可以上溯到太阳系历史的早期。研究者发现了“卡路里”盆地边缘的火山活动。直径1544千米的“卡路里”盆地是太阳系最大的撞击陨石坑之一，它是38亿年前的一次太空撞击的产物。“信使号”发回的数据显示，“卡路里”盆地西南边缘上的一个盾状火山周围区域呈现出与其他地方截然不同的橙色，这里可能是该盆地内部平坦平原的火山岩发源地。照片也揭示了平原中央有火山口存在，这证明平滑的岩石是熔岩喷出形成的。

科学家认为，这些沉积物看起来与月球上的玄武岩类似，但是它们的含铁量非常低，代表了一种与众不同的岩石类型。这些平原的大小暗示，水星地幔里存在巨量的岩浆来源。他们在这个盾状火山内部发现一个有大量光晕环绕的肾形气孔，看起来和地球或月球上的剧烈爆发形成的晕轮相似。“信使号”让我们对水星上的火山活动有了全新的看法，使我们对这颗行星表面的平原形成有了更深的了解，给被很多人认为是颗死行星的水星带来了新生。

水星正在缩小

冥王星已经因为个头太小被开除出行星行列了，难道水星也要步其后尘？水星目前是太阳系体积最小的行星，直径约4878千米。根据“信使号”传送回的数据，科学家指出，水星自形成以来，直径已缩短了约4.8千米。

科学家估计，水星内部60%的空间被铁质核心占据。

由于固体铁的密度比液态铁高，当水星的铁核冷却时，外表面就会向内收缩，令地壳起皱，大地出现断层——就像滚烫的玻璃杯突然冷却会出现裂纹一样。“水手10号”首次发现了这些断层：地表似乎有从内部延伸出来的褶皱。由于光照条件好，而且拥有质量更高的照相机，“信使号”发现了更多的褶皱与断层。这些由突然冷却而收缩导致的地质构造表明水星原本可能是个大个子，后来才缩减为现在的小不点。科学家也发现，水星整体缩小幅度较之前估计的至少多出1/3。对此，科学家评论说：“这一点在太阳系中尚无先例。”水星缩小的罪魁是它的铁质核心，巨大且来历不明的铁核也是水星的谜团之一。水星密度高达5.43克/立方厘米，在所有行星中仅次于地球。铁核的质量可能占整个星体质量的2/3。这个数字令人吃惊，因为同为类地行星的地球、金星或火星内核质量只占星球总质量的1/3。

天文学家猜测，水星早期可能遭受过某个相当于其一半体积的天体撞击，致使原始水星的岩石地幔熔化，并被抛掉，只有密实的铁核才幸免于难。2006年瑞士伯尔尼大学的科学家曾通过计算机模拟实验推断出，水星的原始质量是其现在质量的2.25倍。由于在45亿年前经受了一次体积有其一半的巨型小行星的撞击，构成原始水星的近一半物质（主要成分为硅酸盐）经过撞击后都流失到了太阳系其他地方。不过也有不同解释：在太阳系形成的早期，高密度物质被太阳吸引，炽热且难熔的物质聚集于此，最后凝结为水星。

两个关于水星起源的理论哪个更正确还有待时间检验。“信使号”上的仪器还利用多普勒效应测量航天器绕水星运行时速度的微小变化，从而推算外壳厚度的变化，并绘制水星表面质量分布图。水星是我们揭秘太阳系的关键。如果人类能解释水星是如何形成的，也就能依此类推出其他类地星球——如金星、火星——的形成过程。

“信使号”的使命

2004年“信使号”踏上征程时，美国宇航局太阳系探测任务主任奥兰多·菲格诺对媒体说：“现在距我们上次拜访水星已有30年的时间。我们一直盼望着这样一次旅行。”在“水手10号”探查水星时，航天工程师还不知道如何利用有限的燃料把探测器送入环绕水星的轨道。20世纪80年代中期，来自中国台湾的女科学家陈婉仁为喷气推进实验室设计了一条复杂的飞行路线，使得探测器能借助多次飞越金星和水星得到引力辅助，实现用较少燃料进入水星轨道的目的。这条轨道催生了新的探测水星计划。

然而1986年“挑战者号”航天飞机失事，美国所有深空探测计划都被迫暂停。直到20世纪90年代中后期，探测水星才再次列入日程。“信使号”（MESSENGER）水星探测器是美国宇航局“发现”系列空间探测计划的第七项任务。MESSENGER是“水星表面、空间环境、地质化学和测距”的首字母缩写。恰巧水星在罗马神话中是众神的信使，这个名字可谓语意双关。

这个耗资4.46亿美元的探测器由美国宇航局委托约翰·霍普金斯大学建造，上面搭载了8种先进科学仪器，1.2吨的质量中有55%是变轨机动所需的燃料，水星地表400多摄氏度的高温曾令工程师在设计飞船温控系统时大费脑筋。飞船3次飞掠水星，一点点揭开它的面纱。在太空遨游79亿千米后，于2011年3月进入环水星轨道，成为首颗围绕水星运行的探测器。

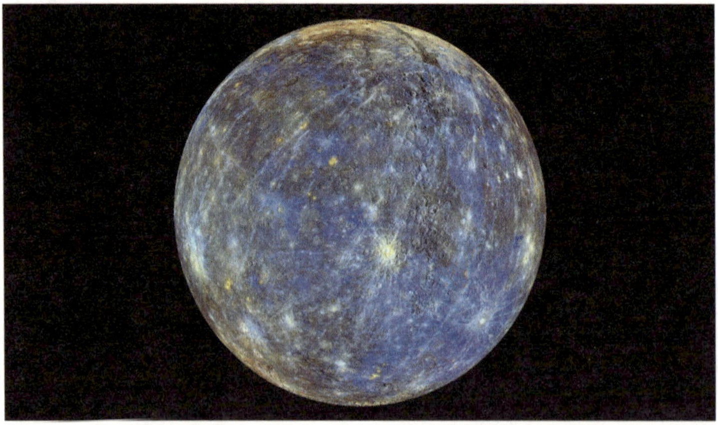

NASA发布了利用新技术绘制的水星地形图像

关于水星的新发现已经带给科学家太多的惊喜，让他们对未来的发现更是充满期待。“信使号”的科学组成员罗伯特·斯特鲁姆是经历过“水手10号”任务的元老，他说：“在‘信使号’飞越水星前，我激动得无法入睡。为了这一刻，我已经等了30年。这次行星考察任务没有让大家失望，图片质量之高让我感到吃惊。它逐渐让我意识到，我们正在研究一颗全新的行星。”

第八章

追寻火星生命

火星是人类除地球以外了解得最多的行星之一。这种了解以40多个单价数亿美元的太空探测器（一半以上的任务都失败了）和半个世纪的时间为代价。这种探索的密度和强度在地外天体中也仅次于月球。

“好奇”号火星车自2012年8月登陆火星以后捷报频传，激起许多科学家采取多种途径尝试寻找火星生命。同年10月，著名分子生物学家、协助破译人类基因组并创建第一个合成细胞、有“基因狂人”之称的克雷格·文特尔称，他属下的研究所和基因组公司将开发一台能测序DNA（脱氧核糖核酸）并从火星上发回基因测序数据的机器。此外，离子激流公司的创始人乔纳森·罗森伯格，也正努力使他公司的“个人基因组机器”能更适应火星条件。文特尔甚至还计划利用在火星上搜集的DNA数据在地球上“生产”火星生物。他们的信心来自何处？科学界和公众不怕把火星生命引入地球导致《异形》一样的外星生化危机吗？

地球人的宠儿

火星一直是大众文化的宠儿。1938年，一部根据威尔斯的科幻小说《世界间的战争》改编的广播剧使上百万美国听众相信火星人正在入侵地球。1997年，火星车“索杰纳”传回的实时火星画面令万众追捧，一度使互联网拥塞。即便更清晰的图像解释了“火星人脸”其实是一些偶然生成的地貌，但也不妨碍观众涌入电影院观看一部拍摄于2000年的名为《火星任务》的科幻片，片中“火星人脸”成了古老火星人留给未来访客的路标。2012年年初上映的科幻大片《异星战场》的故事也发生在火星的几个土著部族之间。

人类为何津津乐道于“火星那些事儿”？根本原因在于天文学家很早就知道，火星是太阳系中最像地球的行星。既然地球上早已存在生命，那么火星应该也可以。人类对火星的浓厚兴趣，其实是对外星生命感兴趣的反映。

追寻火星生命

NASA近些年启动了一项“寻找地外基因组”计划，在2018年将基因探测仪器送上火星，以对火星上可能存在的生命体进行DNA探测。哈佛医学院加里·鲁弗肯实验室是NASA“寻找地外基因组”的先行者之一。他们希望能够对火星生命DNA进行排序。目前，该实验室已经完成了一个DNA探测工具的原型。

近些年的火星探测发现，这颗红色星球上可能存在生命迹象。因为地球上的某些土壤微生物能产生甲烷，所以火星甲烷气体的发现暗示着火星地表下可能存在生命。尽管火星生命存在的化学迹象很模糊，但哈佛医学院的科学家们希望人类在未来十年内能够向火星发送一个DNA放大装置和DNA排序装置，用来发现和确定火星生命的存在迹象。他们认为，火星生命应该与地球生命一样也存在进化和遗传，因此应该包含了相似的遗传密码。但也有其他科学家持不同观点：火星生命的进化或许与地球生命不同，二者的化学特性将完全不同，用现有手段无法检测。例如美国应用分子进化基金会总裁史蒂文·本纳说："人类DNA是能够支持达尔文进化论的唯一结构吗？这不太可能。"只有火星人的DNA在基本结构上与地球上的DNA相同时，检测任务才能顺利完成。

DNA探测工具的工作原理很简单。首先获取火星土壤或冰块样本，将其置于液体中进行重造，液体中混入一种染色剂，这种染色剂与DNA结合后会发出荧光。然后使重造后的液体样本流过一个玻璃片，玻璃片上布满了细微的凹槽。如果其中一个凹槽发光，则表明有DNA存在，该凹槽的液体将流入下一步工序：DNA放大。为了确定火星生命的DNA是否与地球生命相似，鲁弗肯实验室会通过DNA放大装置把一种名为"16S核糖核酸亚单体"的基因进行放大。

尽管如此周密，科罗拉多大学微生物学家诺曼·佩斯却对鲁弗肯实验室的计划持怀疑态度。佩斯认为，对火星生命的DNA进行排序在技术上是可行的，但是DNA研究应该是建立在科学家已经发现火星生命的基础上。截至目前发现的还只是火星生命可能存在的蛛丝马迹，生命本身并未现形。在这种情况下奢谈火星生命的DNA测序，是否有些捕风捉影？

火星生命会逆袭地球吗

文特尔等人其实想得更远，他们认为人类早晚会在火星上发现微生物等低等生命形式。与其到那时再研发设备测序基因，不如早做准备。他们甚至还想到了火星生命在地球上的安全问题。而类似的问题正发生在“好奇号”火星车上。

当“好奇号”伸出钻头，钻透火星布满尘埃的地表、深入到地下时，NASA的科学家却默默希望这辆火星车不要在火星地下发现冰。为什么会这样？原来，如果“好奇号”果真找到了冰，那么从2011年以来一直在NASA内部“发酵”的一桩丑闻就会被外界所知：这个钻头可能已经被地球上的细菌严重污染，这些细菌有可能在火星的水中繁衍生息。

这起潜在的污染事件发生在2011年11月26日，那时“好奇号”上的钻头已经消毒，并被放入一个盒子里。按照规定，这个盒子必须在成功登陆火星后才能再次开启。但是工程师担心意外的硬着陆会使钻头受损，于是他们未经许可就擅自打开盒子，又放进一个备用钻头以增加这次任务的成功机会，谁知弄巧成拙。如果钻头沾了水，地球细菌就有可能在它上面存活。就目前所知，火星可能拥有“土著”微生物。这将干扰“好奇号”对火星潜在生命现象的研究进程，甚至这些地球细菌可能扰乱火星上的生命构成要素，造成一场生态危机。这种搭乘交通工具“入侵”的例子曾在地球上发生过很多起。例如，1947年，食肉性的红螺随船舶的压舱水自日本海迁移到黑海，10年后，几乎将黑海塔乌塔海滩的牡蛎完全消灭。

既然地球生命有可能在火星环境中存活，反过来，潜在的火星生命亦有可能来到地球上繁衍生息。为防止宇航员或无人取样器带回的外星样本对地球生命造成污染，就需要进行检疫隔离。对于来自外星的生物污染，科学家有三种应对手段。其一是在样本返回地球途中就进行消毒处理；其二是把样本放在地球的偏远地点进行隔离研究；其三是在位于太空的隔离检疫设备中对样本进行初步的危害检测。这也是文特尔重构火星生命的信心来源。他认为，未来仅使用火星微生物的DNA序列在地球上的超级安全实验室里重构火星生命是安全的。具体思路是使用火星DNA数据重建其基因组，然后将其注入到地球上的某种类型的人造细胞中，这样就避免了将火星生命样本带回地球过程中烦琐的消毒与隔离检疫程序。文特尔将这一想法称为“生物传送点”。文特尔还说：“人们对天外来菌表示担心。我们将在一个P-4级的航天实验室中重建‘火星人’，而不是让他们降临在海洋中。”

生命可能在不同的天体产生，也就具有在不同天体间传播的可能性。著名的可能包含生命迹象的火星陨石ALH84001是在13 000年前被地球引力俘获的。当时，它呼啸着穿过地球的大气层，坠落在南极洲的冰天雪地中。对于该陨石中的物质，不同的科学家有不同的看法。在它里面发现了碳酸盐球、多环芳烃（被看成生命的建构单元）、晶体性“生命副产品”，甚至“生物”本身。美国宇航局科学家利用高分辨率电子显微镜分析显示，这块陨石晶体结构中大约25%是由细菌形成的。对于该陨石的研究结果，美国前副总统戈尔曾问：“怎样的结果会最令人关注呢？”结果在场的科学家不约而同地回答：“火星生命与地球生命完全不同。”换句话说，火星生命与地球生命有更大的可能性是相同的。既然有可能相同，那么火星生命一旦从实验室泄漏，就有可能与地球生命分享资源（空气和水），占据我们的生态位，把一些地球生命逼向灭绝的境地。从这个可能性上看，利用火星生命DNA数据在地球上复制火星生命是极端危险的，而且也有生命伦理的问题——人类有权利在人工环境中“制造”外星生命吗？

也有科学家辩解，用不着讨论在地球上复制火星生命正确与否，我们身边可能早已存在火星生命了。在约4亿年前的一系列大规模太空碰撞期间，地球和火星之间交换了大约10亿吨的岩石和碎片。既然有过携带生命的陨石自火星飞出的案例，那么在其之前和之后可能还有生命搭乘这种天然“飞船”在星际穿梭，直到被地球的引力俘获，坠入地面或海洋。如果幸运的话，它们会历经磨难存活下来，其中的佼佼者发生变异而适应当地的环境。然后，就是一部崭新的生命进化史了。这样的过程，或许已经在地球和火星之间多次发生过了。

法国新闻社2018年7月25日消息称，研究发现，火星上发现了第一个液态水湖。报道称，科学家们在火星上发现了巨大的地下蓄水层，这增加了火星上存在生命的期望

第九章

向土星前进

在太空中飞行了近7年时间才抵达土星的“卡西尼号”探测器是人类有史以来体积最大（约有两层楼高）、造价最高（造价为34亿美元）的无人驾驶太空船。该探测器的任务是绕土星飞行，并考察土星和土星光环及其卫星系统。

2004年7月1日，“卡西尼号”载着“惠更斯号”着陆舱进入环绕土星的轨道，它会发现什么？

“外星人”也许不必来自100万光年以外的星系，“他们”可能就在我们身边。这不是科幻小说的开头。在离我们地球不远处，的确存在着适合生命繁育的温床。火星算是一个，那些巨型行星的月亮们可能条件更好。土星的第六号“月亮”——土卫六“泰坦”（Titan）就是太空生物学家们看好的一块外星生命疑似地区。“惠更斯”号就在那里降落。

土星离地球虽不算远，“卡西尼号”也飞行了近7年才进入环绕这颗液态行星的轨道，成为第一个围绕它飞行的人造物体。人们都说光阴似箭，当年策划这次探测活动的科学家有的已经作古，而“卡西尼号”发回的信号以光速穿越小半个太阳系到达地球也得花一个半小时——我们从电视上看到的“现场直播”已经是“实况录像”了。但是比起探索那些多少光年以外可能存在生命的地外行星，飞行这点距离就像跨洋飞行的飞机刚刚滑出停机坪一样。

我们的祖先很早就知道金木水火土这五大行星。它们异常明亮，而且相对于那些几乎纹丝不动的恒星来说又有明显的运行。为此，中国人有“五行”之说，这套理论在占卜与中医方面的重要意义自不待言。而罗马人秉承希腊传统，为这几颗行星安排了重要天神的名字。土星得了一个“萨图努斯”（Saturnus）的名字，对应着希腊神话中的“克洛诺斯”（Cronus），是神王宙斯的父亲，掌管农业之神。这在农业社会是个非常重要的角色，与汉语的“土”倒也沾边。土星运动迟缓，29.46年才绕太阳运行一周，显得“稳重”，古人便将它看作时间和命运之神的象征。中国古代把全天分成二十八宿，土星大约一年镇守一宿，所以也叫它“镇星”或“填星”。在现代天文学中，土星的符号是一把用于收割的“镰刀”，以示不忘“农神”的古老传统。

不过，更能引起科学家兴趣的是“草帽”而非镰刀——草帽便是4个世纪前发现的土星光环。

说起土星的光环，还有一段轶事。1609年，大科学家伽利略刚造出天文望远镜，欣喜不已，拿着它上下左右地望来望去，一下子发现了月球的环形山和木星的四个大卫星。当他把镜筒对准土星时，问题出来了——他发现土星两侧各有一个“耳朵”！连续几个月观察，土星的“耳朵”不那么明显了，又过了两年，它们竟完全消失了！

理智的伽利略苦恼不已——在希腊神话里，作为诸神之王的克洛诺斯有个坏习惯，他曾企图在孩子降生之前把他们吞掉，以除篡位之患。因为他自己就是在推翻父亲之后才登上神王宝座的。不过小宙斯虎口脱险，终于篡位成功，做了第三代神王——“难道‘萨图努斯’还在吞噬自己的孩子？”迷惘的伽利略在日记中这样写道。观测土星的不快经历给他以前的工作都打上了问号。一气之下，他再也不看土星了。

这实在不能怪伽利略，他那架粗糙的望远镜确实不能分辨土星光环的精细结构。何况土星与地球的轨道有夹角，我们看到的土星光环的角度在不断变动中，看到光环的面积也时大时小。等到谜底揭晓，已经是40多年后的事情了。

1655年，荷兰天文学家惠更斯用经过改良的3.6米长的望远镜找到了第一颗也是最大的一颗土星卫星。这就是土卫六“泰坦”。在希腊神话中，土星之神克洛诺斯曾统治过一群叫作泰坦的神族。泰坦一族都是力大无穷的大块头，后来不少巨无霸都用它来命名，比如那艘冰海沉船。

除了学术上的造诣，惠更斯的工匠活也很是了得。尝到大望远镜的甜头后，他的望远镜尺寸一发而不可收，最后竟造了一架长达37米的“泰坦”般的望远镜。每做一架望远镜，惠更斯都会拿来看看土星的“耳朵”。终于，他宣布，那不是什么“耳朵”，土星是被一层又薄又平的光环包围着，光环与土星并不接触。

卡西尼比惠更斯大4岁，是伽利略的同乡，他后来去法国发展，还是巴黎天文台的首任台长。他用路易十四捐赠的望远镜发现了土星的另外4颗大卫星，按发现时间顺序，它们分别是土卫八、土卫五、土卫四和土卫三，人们仍旧以泰坦一族的神为它们命名。

仅靠这些发现，“卡西尼”这个名字好像还不足以被命名为人类第一艘土星探测飞船。没错，他还发现土星光环实质上是两个环，中间隔着一道暗淡的裂缝。这道缝隙至今仍被称作“卡西尼环缝”。他还推测出土星光环不是“铁板一块”，而是由无数微小颗粒构成的。直到19世纪，物理学家才证明了这一点。

而更为细致的观测表明，土星光环不只被“卡西尼环缝”一分为二。天文学家单是用地面望远镜就发现了5个分离的同心环，它们共同组成了土星光环。而环缝的数量也随着望远镜的尺寸与日俱增。从雷达回波探测知道，土星光环由无数直径介于4厘米到30厘米之间的冰块和尘粒构成。因为太阳系内各行星都是由尘粒聚合而成，所以详细研究土星光环的构成与演化，不但有助于彻底解开大行星的光环之谜，更能为研究太阳系起源提供线索。

前面说到，土星的六号“月亮”最有可能孕育生命。

这当然不是无聊梦呓。通过那么多次的地面观测和航天飞行，人们已经发现土星有31颗卫星。希腊人创造泰坦神族时可没想到要起这么多的名字，以致近些年发现的那些个头小的卫星只能屈尊获得一个编号了。而土卫六获得“泰坦”之名倒也当之无愧。它上面的环境很像40多亿年前的地球——厚厚的大气层，主要成分是氮气（97%）和甲烷（2.7%），大气压是现在地球大气压的1.5倍。它的表面黑暗寒冷，零下180摄氏度的海洋充满了液态氮。闪电撕裂暗红的天空，照亮偶尔飘落的几点夹杂着碳氢化合物的氮雨滴。地上可能存在有机物堆积，生物学家不必在充满有机质的玻璃瓶中制造电火花来模拟早期地球生命起源的环境了。直径约5100千米的“泰坦”就是一个天然生化实验室。

“卡西尼号”土星探测器专门携带了一艘名为“惠更斯号”的小着陆舱，用来侦测土卫六“泰坦”的情况。2004年12月，“惠更斯号”脱离“卡西尼号”母船，飞向土卫六“泰坦”，冲破“泰坦”的大气层后，在其表面着陆。按照科学家计划，如果它着陆的地方是液氮“海洋”，它会漂浮在海上，并向地球发回数据，指出海洋液体的构成、波浪的高度和形成频率。通过声呐回波，它还可以测出这片大海的深度，甚至可以传回地球以外太空海洋的首张照片。

在搞清楚了土卫六表面和大气的化学组成后，生物学家们可以由此推测早期地球生命产生和演变的过程，当然，还有可能揭开土卫六上有没有生命的谜团——据推测，高级生命很可能不存在，而简单的生命很有可能存在于过去、当下和未来的三种时态。经过仔细探查，“惠更斯”号并未在土卫六上发现生命存在的迹象。但愿经过仔细消毒的“惠更斯号”着陆舱不会误把地球上的微生物带入那片可能生机勃勃的海洋，造成骇人听闻的“外星生物入侵”。

“卡西尼号”宇宙飞船在土星北半球上空。“卡西尼号”宇宙飞船于2017年以极超音速坠入土星大气层，结束了13年土星探索的“卡西尼”时期

3

你在哪里

第十章

茫茫太空觅知音

究竟存在着许多世界，还是只有一个世界呢？这是人们研究自然时经常提出的一个最神圣、最令人激动的问题。——圣亚伯特·马格鲁（公元13世纪）

宇宙间任何天体，只要条件合适，就可能产生原始生命，并逐渐进化到高级生物。因此，人在宇宙间不占有特殊地位。——《中国大百科全书·航空航天卷》（1986）

2007年4月24日，一个由11名欧洲天文学家组成的小组宣布，他们发现了首颗太阳系外可能适合人类居住的行星。

这颗行星的质量大约为地球的5倍，距离地球20光年，围绕一颗名为“Gliese 581”的红矮星运转，因此被命名为“Gliese 581c”。到目前为止，在当时已经发现的约200颗太阳系以外行星中，Gliese 581c是质量最小的一颗。此外，它的运转轨道处于“宜居带”（指在这个区域内的可以产生生命，并且能够长期维持生命的存在）之内，如果其他条件合适，就有可能存在地表水和生命。

Gliese 581c每13天围绕主星Gliese 581运行一周，轨道距离主星约700万英里。根据萨瑟罗夫及其同事绘制的行星模型，Gliese 581c的体积约为地球的1.5倍，主要由岩石和水构成。他表示：“最令人激动的是，新发现告诉我们，这类行星具有很多共性。由于经历了数十亿年的地质运动，这类行星可能比地球还适合生命居住。”

尽管Gliese 581c同主星的距离远远小于地球和太阳的距离，但由于Gliese 581的亮度仅有太阳的百分之一，所以700万英里的距离并不影响生命居住。尤德里表示，Gliese 581c的温度取决于它的反照率。以地球和金星作为参照，他预计Gliese 581c的地表温度在0到40摄氏度之间。

欧洲天文学家于美国东部时间2007年4月24日宣布，首次在太阳系之外发现了一颗可能适合人类居住的行星 Gliese 581c ，在这颗星球上也许存在海洋和生命

人类是唯一的吗

至今，天文学家们已经在太阳系外发现了约4000颗行星，不过，它们中的大部分都属于木星这样的巨型气态行星，根本不具备孕育生命的条件。在极少数类地行星中，有一些非常寒冷，剩下的其他行星由于距离其恒星太近而几乎没有存在生命的可能性。

但科学家始终保持着寻找地外行星乃至地外生命的积极性。

20世纪50年代用非生命物质合成氨基酸的成功，以及60年代星际有机分子的发现，使人们意识到生命在宇宙中应该是普遍现象。现在，越来越多的太阳系外行星的发现，也在鼓励科学家相信地球上的生命不是造物主唯一的杰作。

现代的天文和宇航探索表明，太阳系其他行星上并不存在人类熟知的高级技术文明。那么银河系呢？它包含了几千亿颗恒星和无数隐藏在它们光辉之后的行星，不应排除那里存在智慧生命的可能。

1959年，《自然》杂志发表了一篇想象力十足的文章《寻求星际交流》——它如今已被该领域研究者奉为“经典中的经典”，两位天文学家科科尼和莫里森提出可以利用微波辐射来探测银河系其他文明的构想。稍后，一位年轻的美国天文学家弗兰克·德雷克于1961年提出一个方程，用来估测银河系中存在地外文明星球的数量是多少。

德雷克方程

$N= R^* f_p n_e f_l f_i f_c L$

R^*：银河系中平均恒星形成率。

N：银河系内可能与我们通信的文明的数量。

f_p：具有行星的恒星的比率。

n_e：每个行星中具有适合生命生存的平均行星数。

f_l：在支撑生命存在的行星中能出现生命的比率。

f_i：在存在生命的行星中能产生文明的比率。

f_e：在上述文明中能发展出通信技术将可探测的信号释放到宇宙中的比率。

L：上述的文明将可探测的信号释放到太空的时间长度。

有多少个地外文明

可以想见，在德雷克方程的变量中，从f_l开始，参数取值的随意性在逐步加大。毕竟科学家只有地球一个样本可供参考，而地球是宇宙中的特例还是普通一星尚不得而知。

文明的发展应该是殊途同归的。但技术的进步包含了太多偶然，生物进化更是受到化学、地质和气象等多种因素制约。地球形成46亿年来，只是几十万年内才出现高级智慧生物，射电天文学的发展更是近50年的事情。因此地球具备技术文明的时间占比应小于10^{-8}（一亿分之一）。而且我们不敢保证地球文明不会因天灾人祸而突然毁灭。按此推算，N值约等于10。当这么几个少得可怜的文明社会处于此消彼长的状态时，同时存在于银河系内的技术文明数甚至可能小于1。也就是说，目前地球人是银河系中唯一掌握射电天文学的文明。

美国著名的行星天文学家卡尔·萨根（Carl Sagan，他曾主持“水手号”“海盗号”和“旅行者1号”“旅行者2号”等一系列行星探测计划）则认为有部分文明可以因学会协调个体与个体，群体与自然界的关系而长存。这样，行星中具备技术文明的时间占比可以约等于1/100，而N值约等于10^7（1000万）。

如果真有数百万个掌握技术文明的世界均匀分布在银河系中，那么每个文明世界的平均距离是200光年。假使我们接收到它们的信号，它们至少已在技术上领先我们两个世纪了。

科普大师艾萨克·阿西莫夫（Isaac Asimov）在《地外文明》（*Extraterrestrial Civilization*）一书中对此做了更为详尽的推理。在综合考虑了恒星和行星天文学、有机化学、进化生物学、技术科学、历史、政治乃至心理学等因素后，他得出结论——在银河系中，目前有一个技术文明存在于其上的行星数目是530 000颗。

同时，阿西莫夫坦率地承认，科学上某些最新的发现会使他的推理出现漏洞，并极大地影响N值的可信度。但目前没有资料能确认这种结论。

为何用无线电是寻找地外文明的可行方式

就算是有地外智慧生物和“他们”所创造的地外文明，这种文明距离我们也实在太遥远了。举例来说，除太阳之外，离地球最近的恒星是半人马座α（中国称“南门二”），其距离是4.24光年。假如那里有某种智慧生物要到地球来旅行的话，“他们”就是乘坐时速1000千米的喷气式飞机一刻不停地飞，也要飞458万年；要是乘坐每秒100千米的高速宇宙飞船，也还要飞行1.27万年。这远远超过了单个智慧生命个体的可能寿命。看起来，银河系太大了，宇宙太大了，我们很难与任何地外文明开展“互访”。以光速传递的无线电信号才是文明孤岛之间交流的可行方式。

寻找地外文明的两种方式

100多年来，科学家想尽办法找寻地外生命的痕迹。现在看来，其手段不外乎“被动”与“主动”两种。

所谓“被动”，就好像你坐在家中敞开房门等待邻居来访一样。只不过科学家的“门”是射电望远镜。它们既可以接受发自恒星的射电，亦能收到地外文明产生的电波。文明社会产生的电磁波，无论是有意识地向外发射（我们曾做过此类尝试）还是不经意地泄漏出来（如我们的广播、电信），都应该是极具规律性的，不同于杂乱无章的天体射电（脉冲星的射电是一个例外，它具有时间周期性，以至在发现之初曾被误认为是“外星人”的联络信号）。

1960年，人类第一次真正尝试倾听来自天上的讯息。这个叫作“奥兹玛”（Ozma）的计划由德雷克指导施行。前文那个著名的公式就是他在“奥兹玛”计划期间构思的。他使用了当时美国最大的NRAO的26米射电望远镜，并在天文界第一次装备了参量放大器的接收机，对两颗类太阳恒星鲸鱼座τ与波江座ε（这是离太阳24光年以内的七颗太阳型单星中的两颗）进行了150小时的观测。观测中并没有探测到任何“具有非常窄的波段似乎以既不十分规则又非完全随机的方式闪烁”的21厘米波。之所以选择21厘米波作为监听对象，是因为这是氢原子最常产生的辐射。在宇宙中，氢元素的丰度是最高的，21厘米波也就成为一种无处不在的辐射。如果地外文明了解射电天文学，它们一定会配备仪器接收或发射这个波长的电磁波。

在以后的几十年里，美国、苏联、加拿大等国的天文学家又实施了多项SETI（Search for Extra-terrestrial Intelligence，寻找地外文明）计划，共计对太阳系周围约80光年内的上千颗恒星进行了长时间的观测和搜索。遗憾的是从未得到支持地外文明存在的证据。目前正在实行的是“凤凰”（Phoenix）计划，由民间资助完成，目的是对1000颗类太阳恒星进行搜索。

值得安慰的是，天文学家虽然没有找到任何地外文明的痕迹，却也在星际空间发现了100多种有机分子谱线，这些分子包括了能组成蛋白质与DNA的基本化学物质，是构成生命的基石，这算是SETI计划的有益“副产品”吧。

“喂，我在这儿！”

“主动的”SETI工作包括从航天飞行到地基望远镜观测的一系列活动，通常被人们称为CETI计划（与地外智慧生物通信计划）。这就像人们身处孤岛，向未知的海洋高喊：“喂，我在这儿！”

为了与太阳系内可能存在的“外星人”联络，历史上不乏奇妙的设想。德国数学家高斯（C.F. Gauss）（1777—1855）建议：在中亚的大平原上栽种巨大的松树林带，勾画出边长为3、4、5的直角三角形，再以各边为边长向外构成三个大正方形，以此表现勾股定理及其证明过程，内部可以种上小麦以进一步突出背景。他相信，月球、火星上的人发现这个图案后，就能意识到该图案不会是天然的，一定是地球上智慧生命的杰作，便会主动与我们联络。

1840年，维也纳天文台的冯·里特路提议，在撒哈拉沙漠挖直径30米的圆槽，灌水、水面点燃煤油，有望被“火星人”看到。

有线电报出现后，法国发明家克洛则建议在中亚腹地竖起成巨大阵列的反光大镜子，向火星反射太阳光，并以镜子的开合组成有意义的编码，希望以此引起火星人的注意。

20世纪60年代以来，美国、苏联等各国发射的数十颗行星和深空探测器证实太阳系中并无明显的生命存在迹象。科学家把希望寄托在太阳系以外。“先驱者10号”和“先驱者11号”以及“旅行者1号”和“旅行者2号”探测器正携带着反映人类在宇宙中的地位和人类文明现状的信息向太空深处飞去。它们靠惯性飞行，大概在80 000年以后才能到达离我们最近的恒星。现在，“旅行者2号”已飞越冥王星轨道。在它上面，有一套名为《地球之音》的镀金唱片，上面录制了介绍地球文明的几十幅图像和声音，其中一段话表达了人类的愿望：“我们正努力延续时光，以期能与你们的时光共融。希望有一天在克服了所面临的困难之后，我们能置身于银河文明之列。”

20世纪90年代末，“伽利略号”探测器从木星系统传回了令人振奋的消息：木卫二（欧罗巴）上覆盖着水冰，冰层之下可能有适宜生命存在的环境。这样一来，科学家便不能排除太阳系外类木行星的卫星上有文明存在的可能性。天文学家通过引力摄动的方法，已经发现了50多颗类似木星的巨行星。

其他与地外智慧生物通信的尝试还包括：1974年11月16日，著名的阿雷西博（Arecibo）射电望远镜向遥远的星系发射了一束包括表示一个男人、一个女人和一个孩子等符号的强大无线电波。它采用数学编码，希望智慧的文明能够破译并理解我们的用心。

民间也有类似尝试，美国加州一家名叫“Bent Space”的新兴企业，装配了一个可以把电子邮件转换成无线电波，并把它们发射到太空的系统。每一位希望向外太空发送信息的客户只需交纳10.95美元就可以把信件发出去。不过，直径7英尺（1英寸≈0.3048米）的天线发出的信号十分微弱，被“外星人”接收的可能性很小。这个活动只能寄托人们的良好愿望并为该公司赚取利润，没有很大的实际意义。

主动寻找“外星人”

用光学望远镜寻找地外行星是SETI的又一“主动”方法。要发现地外行星，最直接的方法是检测来自行星本身的反射的可见光或红外辐射。与可见光相比，红外辐射更能揭示生命存在的痕迹。就地球而言，其大气同时拥有臭氧、二氧化碳和水蒸气。这使得地球大气的红外光谱不同于金星和火星的（这两颗行星同样含有二氧化碳，并一度被认为是适宜生命存在的行星）红外光谱。

但观测来自地外行星的可见光和红外线有着显著的困难。行星的微弱光芒常被恒星的光辉淹没。想从地球上观测到它，其难度不亚于分辨位于几千千米外探照灯附近的一只萤火虫。要进行红外波段的观测，望远镜应被置于零下225摄氏度以下的低温。而且地球大气的成分会影响观测的准确性。看起来把望远镜从地面转移到太空中能解决这些问题。可如果要监测30光年以外类地行星的红外光谱，我们就得发射一个口径近60米的空间望远镜（哈勃太空望远镜的口径为2.4米，成本已达15亿美元），这在经济上是不切实际的。

幸好一种新技术使天文学家摆脱了困境：把两个较小的地基光学望远镜同时得到的一颗恒星图像波峰对波谷地叠加起来，来自恒星的光就会被抵消，而其周围的行星光谱将因不能精确密合而突兀出来。用这种光学干涉的方法可以分析地外行星的质量大小乃至大气成分。整个系统可以由2个或4个排成线形或菱形的1米口径光学镜构成。本文开头提到的“Gliese 581c”就是用这种方法找到的。眼下，欧洲天文台的望远镜90%的时间都用于寻找类似于太阳的恒星。

但是，人们花这么大精力到这项探索中值得吗？也许我们人类太孤独了，地球太孤独了。在浩瀚的苍穹深处，存在着任何生命形态，都将是对人类的最大安慰。而发现具有智慧的地外生命并与之交流，无疑将成为最激动人心的事。与人类投入到军备竞赛等无益项目中的巨额开支（这种开销只能减少人类活着见到地外文明的可能性）相比，在这项伟大事业中花费点金钱又算得了什么呢？

正像热心于CETI计划的微软公司前首席技术官纳森·米哈洛伍德说的那样：“虽然最乐观的科学分析认为在宇宙中存在其他智能生命体的可能性极大，但是在这个问题上仍有不确定性和争议。只有一点是确定的，那就是如果不继续支持这类探索计划，人类发现外星文明的可能性仍将是零。”

与SETI有关的重大事件

Ozma计划：1960年，美国国立射电天文台的青年天文学家德雷克在21厘米波段开始了星际通信实验。他使用了当时美国最大的NRAO 25米望远镜，并在天文界第一次装备了参量放大器的接收机，对两颗类太阳恒星鲸鱼座τ与波江座ε进行了150小时观测。这一先驱工作像迄今所有搜索SETI的观测一样，除环境无线电干扰引起的假报警之外，没有找到地外文明存在的证据，但它为后续的研究提出很多新的思考，例如著名的德雷克公式就是在Ozma计划期间构思的。

在Ozma的相关研究中，科学家们也向太空广播介绍地球的人类文明。例如，1974年使用Arecibo口径为305米射电望远镜向武仙座M31球状星团发射了二进制的系列脉冲。在26 000年之后，接收者有两种方法即23行73列或73行23列（73和23都是质数）来恢复二维图像，前者杂乱无序，后者排列出图像，比我们聪明一点的“武仙人”立即会明白我们太阳系、人类生命的化学基、人体的形状与大小以及地球上人口等等。

Cyclops（独眼神）计划：20世纪60年代末空间科学在美国开始受宠。Oliver和Billingham于1972年提交的Cyclops报告全面地叙述了SETI的意义、方法及可能性，提出了星际无线通信是SETI唯一可行的方法，并建议“水洞”为最佳频率窗。Cyclops设想了星系际距离的星际通信相位阵设备，阵中包括1000面百米量级口径天线，阵列延伸几十千米。它是射电天文史上最为野心勃勃的计划。投资预算超过60亿美元，工期10~15年，虽然该计划最终并没有得到政府资助，但它在科学与技术上对SETI的影响至今不衰。

HRMS（高分辨率微波巡视）计划：这一计划拟使用像Arecibo这样一些世界上最大的望远镜巡视100光年之内的800~1000颗类太阳恒星。新研制的数字接收机可以同时扫描上千万个频率通道，识别微弱的窄带信号。该计划在1993年停止了。

Phoenix（凤凰）计划：Phoenix计划使用国际上大型的低纬度射电望远镜，在微波频段对1000颗临近的类太阳恒星进行搜索。Phoenix的观测从更新的澳大利亚Parkes 64米射电天文望远镜开始，截止到1995年年底，在S波段对105颗星进行了13 000次观测，在L波段对206颗星进行了10 000次观测。在总共23 000次观测中，几千种接收到的信号或者与人为电噪数据库符合，或者被干扰认证观测判定为环境干扰，剩下的近百种可疑信号源，后来也都被证明不可能是星际通信。

第十一章

离家最远的“旅行者”

距地球最远的人造物

2013年9月12日，美国科学家宣布，1977年发射的“旅行者1号”无人探测器已经飞入星际空间，成为有史以来离地球最远的人造飞行器。当时它的旅程已长达187亿千米，这段距离就算是光也要走17个小时。当年该项目首席科学家爱德华·斯通说：“这是一个重要的里程碑。当40年前我们启动这一项目时，一直期盼着这一天——那就是我们能拥有一艘恒星际飞船。这同时也是具有历史意义的，就像当年麦哲伦首次完成环球航行，或是阿姆斯特朗首次踏上月球表面那样。这是我们首次得以直接探索恒星际空间。”

冲出太阳系了吗

近年，“旅行者1号”的精确位置曾引发激烈争论，科学家们也一直在尝试各种不同的检测方法。研究人员发现，2012年8月25日恰好是飞船周围太阳发出的带电粒子数量下降和银河宇宙线数量上升的那一天，这表明飞船已经驶入一片全新的区域。这里与预期中的星际空间环境相符，与太阳周围的环境完全不同。这一天应该就是“旅行者1号”抵达星际空间的日子。从那时起，“旅行者1号”离开了日球层（包裹在太阳周围的一个由炽热高能粒子构成的气泡）的怀抱，进入从来没有被探索过的寒冷的星际空间。

对于不少媒体自行解读出的“已飞出太阳系”的说法，天文学家并不认同。这与如何定义“太阳王国”的边界有关。如果边界是最外面的相当大的行星的轨道，那么“旅行者1号”确实早已跑出海王星，甚至是冥王星的轨道了。但冥王星外面还有不少和它类似的矮行星们。假如定义太阳系的边界在位于绕太阳运转的最外侧的矮行星轨道，那么在海王星与冥王星之外很远的地方，可能还有和海卫一大小相似、数量众多未被发现的矮行星。要是这样，那么“旅行者1号”仍然是在太阳系范围之内。如果把太阳系的边缘定义为太阳引力场的作用范围，那么“旅行者1号”再飞一百个世纪都不会离开太阳系。因为在距离太阳一光年的地方，还存在着由无数彗星聚集形成的小天体集合——奥尔特云——围绕太阳运转。两艘“旅行者”要飞两万年才能穿过奥尔特云。在这之后，它们才算真正摆脱太阳的羁绊，名副其实地冲出了太阳系。

航程回顾

“旅行者1号”和“旅行者2号”是一对孪生探测器，都于1977年发射升空，今天它们都飞行在太阳系的边缘地带。它们的探测路线是经过精心设计的。科学家利用20世纪70年代末和80年代前期“行星连珠”的机会，使飞船可以在最短的时间内用最少的燃料对木星、土星、天文星和海王星实现逐一拜访。这样的机会，每隔175年才有一次。

即使飞船沿着最节省燃料的双切椭圆轨道飞行，飞向土星也要用6年，飞向天王星需要16年，飞抵海王星则要31年。而假如借助木星“引力跳板”的作用，飞抵土星只需3～4年，飞到天王星只需8～9年，飞近海王星也只需12

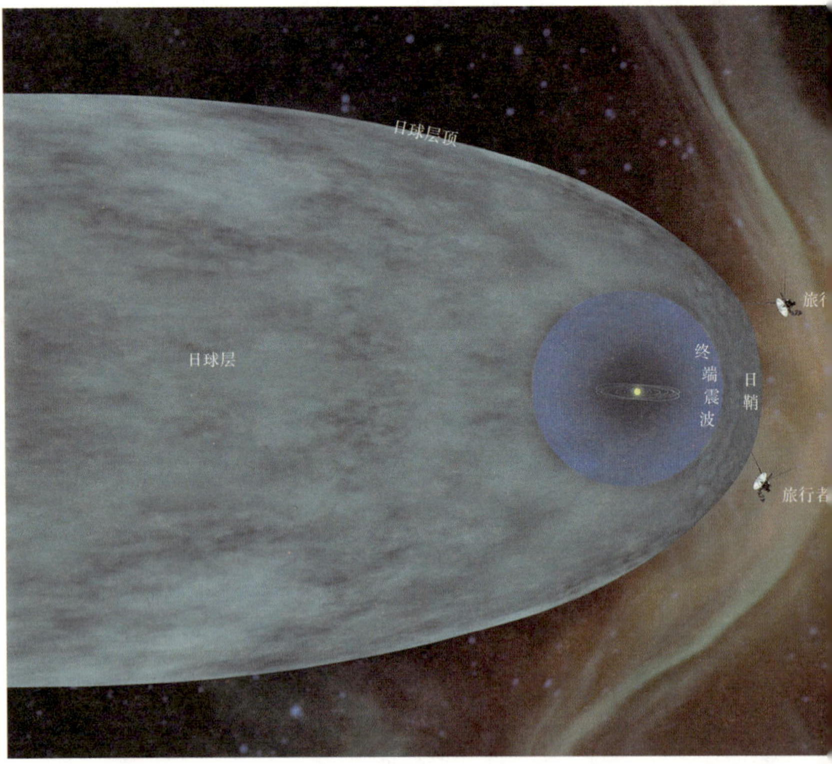

年。当“旅行者”进入行星轨道后，它也分得了行星的一部分角动量。它飞离行星时不仅改变了方向，速度也增加了大小。“旅行者1号”和“旅行者2号”就这样利用“行星连珠”的机会，先后借助木星、土星、天王星作“跳板”，一次又一次地加速，成为探测太阳系行星最多、探测成果最丰富的行星际探测器。

它们发现木星也有一个光环，木星的卫星上有火山爆

据俄罗斯卫星网当地时间2018年12月10日报道，NASA发布消息，“旅行者2号”成为继“旅行者1号”之后第二个离开日光层进入星际空间的人造物体

发；发现土卫六直径小于木卫三，实为太阳系的第二大卫星。1986年1月，“旅行者2号”在距天王星的云层顶部81 500千米处飞过，在长达6个小时的观察窗口里，第一次揭开了天王星的神秘面纱。1989年8月，“旅行者2号”在距海王星北极4950千米处的最近点掠过，拍摄了6000多张彩色照片，震撼了天文学家和公众。目前人类对天王星和海王星的知识主要来自“旅行者”。此外，它们还发现或修正了16颗木星卫星、24颗土星卫星、15颗天王星卫星和8颗海王星卫星的各种数据。

两艘飞船传回的数据达5万亿比特，发回了10万张精美照片，这些信息相当于6000套《不列颠百科全书》的容量，平均每个地球人可以分得700比特信息。两个“旅行者”在30年间采集的行星信息，比过去几个世纪天文学家获得的行星知识加起来还要多。

长寿得益于先进技术

截至2019年2月，“旅行者1号”的信号以光速传播需要走20个小时才能抵达地球。飞得稍慢的“旅行者2号”传回信号也要16个小时。但它们仍能接收到地面指令，进行姿态调整和科学探测。良好的通信全仗美国宇航局深空网的威力。深空网共包括3座经度间隔120度的大型测控站，分别设在美国加州莫哈维沙漠、西班牙马德里和澳大利亚堪培拉。这种覆盖全球的站址使接收深空信号可以不受地球转动的影响，总有一个天线能对目标进行监控。相比之下，我国每次进行重大航天发射，只能向远海派出“远望号”测量船队保证不间断的测控。

“旅行者”飞船自身也代表着20世纪70年代的最高科技水平。出发前，每个“旅行者”重825.5千克，由6.5万个零件组成，其中有105千克是科学探测仪器的重量。飞船主体呈扁平的十面棱柱状，顶端装有一个直径为3.7米的抛物面天线，左右两侧各伸出一根悬臂，较长的一根是磁强计支柱，短的一根是科学仪器支架。探测仪器有10种，主要是行星及其卫星的摄像设备和各种空间环境探测设备。因为离太阳越来越远，无法依靠太阳能电池供电，能源采用核电源，把钚放射性衰变产生的热量转化为电力，功率仅为470瓦特，换句话说，每小时只能发出0.47千瓦时的电。但就是这样微弱却绵长的电力，持续供应了40年，赋予了飞船以“生命”。即便如此，电力仍在慢慢衰减，近十几年，不断有功能因电力有限而停止运作。如1998年停止了扫描平台及紫外线观测；2012年停止了回转运作，只能以每秒1400字节速率传回信息。预计到2020年以后，将没有足够电力启动任何仪器了。地面控制人员还得不断地拆东墙补西墙，为最必要的仪器挪用电能。2011年11月“旅行者2号”接到地面命令，切换到备用姿态控制推进器，此举节省了大约12瓦的电能消耗。此时主推进器已经点火31.8万次。飞船各部件寿命之长、质量之精，令人赞叹。英国皇家天文学家马丁·里斯爵士就说：“实在让人感到不可思议，这个人类利用70年代的技术制造的脆弱物体，竟然能够抵达如此遥远的空间。”

可想而知，未来的长寿命深空探测器，除了要配备更大功率、更耐用的核电源之外，还会搭载人工智能计算机以减少对地面控制的依赖（随距离而变得严重的延时效应，令实时操控变得不可能），飞船还要有自我修复能力，以应对零部件不断老化失灵的境况。

说到未来无人探测飞船上的人工智能，不得不提及“旅行者”在大银幕上的光彩出镜。那是在1979年，《星际迷航》系列科幻剧终于登陆大银幕。在当年上映的第一部《星际迷航》电影版的故事里，一团庞大的能量云摧毁了沿途的文明设施，航迹恰好指向地球。“进取号”星舰奉命拦截。沟通之后发现，这团能量云具有意识，目的是要寻找自己的创造者。真相大白时，“进取号”的船员惊讶地发现，原来能量云的核心就是美国宇航局在20世纪末发射的“旅行者6号”，它的电脑已经进化成为智慧生命，想要回到老家看一看。当然，实际上不存在这样一艘探测器飞船。到目前为止，“旅行者”也只有两艘。但可以看出，在20世纪70年代末，好莱坞的观众们是多么为

“旅行者”探测器感到骄傲。该影片结尾说道：“人类探险之旅才刚刚开始。”

“地球之音”：向外星人说“你好”

当时，参与“旅行者”项目的科学家确实希望即将踏上遥远航程的飞船能成为人类与“外星人”交流的使者。两艘“旅行者”各自携带一张“地球之音”唱片，由镀金铜板和金刚石唱针构成，可在太空中保存10亿年。唱片里包含115幅照片（包括长城），多种大自然的声音，55种语言的问候语和总长90分钟的各国名曲（包括中国古琴曲《高山流水》），附有播放方法的说明以及用14颗脉冲星定位的太阳系位置。当年美国卡特总统的致辞也在其中：“这是一个来自遥远的小小星球的礼物，它是我们全部声音、科学、影像、音乐、思想和感情的缩影。我们正努力延续自己的岁月，希望有朝一日能与你们同在。”

回眸一望——最长的自拍杆：人类在星空间

1990年2月，“旅行者”接到了来自地球的一个紧急指令。它慢慢地掉转照相机，指向已经抛在身后很远的出发地，拍摄了60张照片。这时飞船离地球59亿千米，远到载着照片信息的信号以光速传播也要经过五个半小时才能被地球接收。从这样远的地方回看，即使经过高分辨率望远镜放大，靠近太阳的行星也只是一些模糊的光点。

想出这个“回眸一望”点子的天文学家卡尔·萨根后来饱含深情地写道：

“其中一个呈现独特淡蓝色光辉的亮点就是地球。我们认识的每一个人，爱过的每一个人，听说过的每一个人，都在这上面度过他们的一生。我们的欢乐与痛苦都在上面聚集。每个信仰、观念和学说都在这里散布，每个伟大或弱小的文明都在这里兴灭——每个地球人都在这个悬浮于阳光中的尘埃小点上出生、生活、死去……人类虚妄的唯我独尊，受到这个淡蓝色光点的无声挑战。地球是目前所知存在生命的唯一星球。在可以预见的近未来，人类无法迁居到大气层之外。这个光点还将是我们唯一的家园。”

每个看过这张“暗淡蓝点”照片的人，面对着辽阔漆黑太空背景中呈现为区区几个像素的地球影像，都会感慨万千。这张照片有助于唤醒我们对行星地球的整体意识。它提供了无可争辩的证据，表明人类同处在一颗脆弱的行星上面。它提醒着我们，什么是重要的，什么不是重要的。这也许是“旅行者”任务最大的意义所在。

第十二章

寻找“第二地球”

生命宜居带：“可居住区”

上文提及了关于Gliese 581c行星的发现，不过现在得出Gliese 581c上有生命存在的结论还为时过早。它的自转周期可能与公转周期一致，一面永远面朝太阳，另一面则终年不见天日。一面终年寒冷，另一面长年酷热，绝无四季之分。

那么，什么样的行星才有可能产生类似地球物种的生命呢？科学家提出了恒星周围“可居住区”的概念。所谓“可居住区”是指在这个区域内可以产生生命，并且能够长期维持生命存在的环形区域。

在这个区域内的行星一定要有液态水，而且液态水是长时期稳定存在的。以地球为例，行星表面的水存在了数十亿年，才能保证生命诞生和演变为高等生命。一颗恒星周围的可居住区有内边界和外边界之分。如果超越内边界，行星过于接近恒星，表面温度就太高了，就像水星那样，不易保持液态水，更不利于生命发展。如果超过外边界，离恒星太远的话，温度太低，水处于冰冻的状态，生命也难以存在和演化。所以恒星周围的一个可居住区既不能离恒星太近，也不能离这个热源太远。

具体说来，对于冷的矮星（表面温度3000摄氏度），要求行星至恒星的距离约为0.1个天文单位（天文单位是指地球到太阳的平均距离，约1.5亿千米）；对于热的巨星（表面温度6000摄氏度，近似于太阳）大约为2个天文单位。其他温度范围的恒星演化太快，是不可能存在有利于生命的稳定的温度条件的。

另外，如果行星距离太阳恰好是1个天文单位，则要求行星质量仅为0.5~10个地球质量。如果质量太小，行星的引力就不足以保持维系生命存在的大气，也就没有了防止对生命产生致命辐射的保护层；质量太大，又容易吸引氢、氦元素而形成气态行星，也使生命无法生存。

从广义上说，可居住区还涉及恒星在星系中的位置。比如这颗恒星不能靠近一些太大的恒星，因为大质量恒星演化到最后阶段会发生猛烈的爆炸，对行星产生大量的辐射，不利于生命生存。因此恒星在银河系中的位置也要恰到好处。

感知地外行星

要发现地外行星，最直接的方法是检测来自行星本身反射的可见光或红外辐射。

幸好前文提到的一种新技术使天文学家摆脱了困境。这种被称为“多普勒法”的找星方法只能估计系外行星的质量，“凌日法”则可估计行星直径。当行星行经其母星和地球之间（即凌日），从地球可视的母星光度便会轻微下降。光度下降的程度和母星及行星的大小相关。凌日法还有助于了解行星的大气结构。当行星行经其母星，母星光线便会经过行星的最外层大气。只要仔细分析母星的光谱，便能得知行星的大气成分。凌日法的主要优点是配合“多普勒法”能得知行星的密度，从而估计行星的物理结构。直至2006年9月，一共有9个系外行星用了这两个方法测量，而它们都是被了解最深的系外行星。

喜忧参半

虽然尚不能肯定Gliese 581c是否一定适宜生命存在，但是米歇尔·梅耶预测，假如地外生命存在的话，顶级科学家将用不到20年的时间来发现这些生命的迹象。

但是也有不少看法悲观的学者。鉴于生命存在的条件非常苛刻，进化论生物学家厄恩斯特·迈尔认为：“不管宇宙中有多少百万颗行星，认为生命形成现象可能已经出现了几次的机会是非常非常小的。”古人类学家彼得·沃德和天文学家唐纳德·布朗利在他们的《绝无仅有的地球》一书中，也表达了同样的看法。甚至于，为太阳系外的行星搜寻做出了很大贡献的杰弗里·马西（他的追“星”小组2006年一共发现28颗太阳系外行星）也认为，人类可能是宇宙中孤独的一群。

好在，从生命的化学过程讲，氧和臭氧是反应链中的产物。已经有科学家提出可以用光谱方法来探索地外生命的存在。米歇尔·梅耶认为，在未来的15~20年，借助“类地行星发现者号”和“达尔文”探测卫星，美国宇航局和欧洲航天局能够找到具有生命迹象的行星，或许这些星球与地球类似，大气中也存在着氧气。

行星的形成

除了寻找与地球相似的星球，研究太阳系外行星还将有助于了解太阳系行星的形成过程。在描述太阳系起源的星云假说中，一个尘埃气体云凝聚成太阳和行星。德国哲学家康德在1755年提出，星云在它自身引力作用下会逐渐聚拢，形成太阳和行星。法国科学家拉普拉斯在1796年提出了一个相似的模型：一个旋转和收缩的气体云（即初期的太阳），甩出一些按同心圆旋转的物质，浓缩为行星。现在，历经修改后的星云假说成为太阳系起源的主流理论，假说认为旋转的物质圆盘通过从尘埃粒子到小行星和原行星的连续不断增大的聚集而产生了行星。

根据星云假说，星际尘埃和气体的旋转云块经历重力的收缩后，最后形成太阳星云，组成有一中心的物质圆盘。当圆盘进一步收缩时在它的中段平面留下了尘埃块，结合成鹅卵石、漂石大小，然后是直径从几千米到几百千米的星子。最后这些星子在重力的作用下结合成原行星，这就是现在行星的前身。

第十三章

外星人五大设想

外星人会从哪里来

宇宙这么大，什么样的地方才有可能产生类似地球物种的生命呢？科学家提出了“生命宜居带”的概念，前文已有阐述。

据估算，银河系几乎每颗恒星都有一颗行星环绕，所以整个银河系约有1000亿颗行星。其中大约有17%——多达170亿颗——是大小与地球类似的行星。那么，这些行星中位于生命宜居带的又有多少呢？答案是约10亿颗。

外星人长什么样

在地球上，数量最多的生命形态是微生物和昆虫，外星生命也一样，它们主要以微生物或低等生物的形式存在。具体到“外星人”，作为智慧生命，一定经历了漫长的进化过程。它们可能生活在陆地上，有着轴对称的躯体，但不限于四肢，可能像蜘蛛或章鱼，有许多“手”，用来操纵工具。生活在水中的外星人因为要不断游泳，恐怕不容易进化出四肢，它们也许拥有智慧乃至复杂的社会关系，但很难发明各种工具，就像海豚那样。

无论哪种形态的外星人，它们都会有发达的神经系统和感官。感官会因环境而异，习惯暗环境的外星人能像蛇一样感知红外线，或像蝙蝠一样听到超声波。感觉器官的不同，会导致容貌的千差万别，要想在外星人身上发现“美”的元素，恐怕比较困难。

上面设想的都是类地行星上的碳基生命形态，可以从地球生命外推得出。其实，在环境千差万别的星球上，完全可以进化出千差万别的生命。比如硅基生命，它们也许移动速度缓慢，但思维速度大大超越人类，更趋近于电脑。还有人设想在木星那样的气态行星大气层中，会存在水母一样的气球状生命，靠氨气为食，以闪光为交流手段。总之，生命就是能够繁衍的物质、能量与信息的有机组合，并没有条条框框限制它的模样。

外星科技有多先进

1964年，苏联天文学家卡尔达谢夫提出外星文明可能以三种发展水平存在：

Ⅰ型文明是只能控制本星球的文明，利用本星球的矿藏能源，在本星球上种植、生产和居住，人类文明勉强够上Ⅰ型文明的水平。它可以达到控制核聚变产生能量的水平。

Ⅱ型文明是能掌握整个恒星和所属行星系统的文明。以地球为例，将来人类能掌握整个太阳系内任何天体的物质和能源时，就进入了Ⅱ型文明时期。它能掌握的能量强度是Ⅰ型文明的100万亿倍。

Ⅲ型文明是能掌握整个星系的文明。以银河系为例，它的直径为10万光年，拥有千亿颗恒星。将来人类能掌握整个银河系的文明时，就进入了很高级的Ⅲ型文明时期。

一个Ⅰ型文明发出的信号，可以拥有大到足以令其周围数千光年范围内任何一部射电望远镜探测到的能量。Ⅱ型和Ⅲ型文明称为超级文明。对于这两种文明，其可探测范围甚至可以扩大到星系乃至整个宇宙。

人类何时发现它们或何时被它们发现

为了与太阳系内可能存在的外星人联络，历史上不乏奇妙的设想，如前文提及的德国数学家高斯曾建议的。

在寻找外星人方面，20世纪60年代以来，各国发射的数十个行星和深空探测器证实太阳系中并无明显的生命存在迹象。天文学家又实施了多项SETI计划，共计对太阳系周围约80光年内的上千颗恒星周围发出的无线电波进行了长时间的观测和搜索，希望从中找出有来自外星人的有规律的信号，遗憾的是从未找到这样的证据。但相信随着人类科技的进步，总会“听到”来自外星人的声音，发现外星人存在的证据。

至于人类何时被外星人发现，我们向太空发射的探测器还太小、太少，无线电信号功率也太低。从银河系的尺度来看，这些“呼喊”十分微弱，被外星人接收的可能性很小。等我们发展到Ⅱ型文明时，“呼喊”声变强，自然会有外星人注意到我们。

NASA的新一代“行星猎手”凌日系外行星巡天测量卫星（TESS）接棒即将油尽灯枯的功勋前辈开普勒望远镜，继续扫描系外行星，寻找外星生命的迹象

是敌是友

外星人是敌是友？这是最难回答的问题。回顾人类历史，殖民者一开始对新发现的土著民族并不友好，对新发现的动物更是毫无爱护之心。美洲作为新大陆，很多历史悠久的文明被科技更发达的欧洲殖民者毁灭了，许多新发现的动物物种被滥捕以至灭绝。这样血腥的历史会在星际空间重演吗？没人知道。有一些对外星人抱有善良想法的人说，既然它们能穿越浩渺空间来到地球，一定具有高

度发达的科技；它们一定用了漫长的时间发展出这样的科技，在这个过程中并未毁灭自己的文明，这说明它们并不好战，甚至拥有很高的伦理道德，应该不会与人类为敌；何况，它们为何要不远万里来毁灭人类呢？害怕与外星人接触不过是以己度人。

另一派观点则反对与外星人主动联系。这些人以著名物理学家霍金为代表。霍金认为，鉴于外星人可能将地球资源洗劫一空，然后扬长而去，人类主动寻求与它们接触太过冒险。如果外星人拜访我们，结果可能与哥伦布当年踏足美洲大陆类似，这对当时的印第安人来说不是什么好事。可怕的是，当年的殖民者并不认为自己是在做坏事。也许有些外星种族已将本星球上的资源消耗殆尽，生活在巨大的太空船上，成为星际游牧民族，企图征服所有它们路过的星球。还有一种可能，如果外星文明比地球文明高出太多，它们很可能不在乎地球人的感受。你在清理后花园时会在乎一个蚁巢的感受吗？也许外星人会像对待低等生物那样对待人类。

第十四章

外星生命：答案在风中飘

没甲烷，没生命

美国宇航局2013年9月20日宣布，“好奇号”火星车在火星表面进行了一年的探索，并未找到任何证据可以证明火星土壤蕴含生命微生物或有机化石物质。

具体说来，“好奇号”分析出火星大气层的甲烷浓度，最高不会超过1.3PPb（十亿分比浓度），是先前科学家预估的约1/7。甲烷是地球天然气的主要组成部分。地球上的大部分甲烷均是生命活动的副产品，例如动物消化食物或者是植物腐烂产生的气体。当前火星环境太恶劣，很难有生命在地表存活。如果目前这颗红色行星还存在生命，它们有可能正生活在地下。这种地下微生物，有可能向大气释放一些甲烷气体。

据英国《太阳报》报道，NASA确认火星大气中存在甲烷气体，其可能来自火星火山活动或者生命活动

几年前，火星轨道探测器和地面望远镜曾观测到有神秘甲烷羽状物从火星西半球的三个区域升腾而起。这一发现使得美国宇航局对“好奇号”火星车的实地考察抱有很高的期望。自从2012年该探测车降落在火星赤道以南的盖尔陨石坑以来，每天早、晚它都会对火星大气进行分析，并利用一个小型激光仪进行扫描，寻找甲烷存在的迹象。然而，用喷气推进实验室科学家克里斯多弗·韦伯斯特的话说，结果“令人大失所望……每次进行研究，我们都未发现甲烷的迹象”。目前没有检测到甲烷气体，说明现在的火星地表之下不可能存在微生物，如果微生物是存在的，那么微量气体就会被探测到。

尽管如此，科学家们尚未绝望，搜寻这种令人难以捉摸的气体的工作仍在继续。行星学会首席执行官比尔·恩耶说，不能仅仅因为“好奇号”未在登陆点1英里（1英里≈1.6093千米）范围内发现甲烷，就直接判断火星上的其他地方不存在这种气体。他反问道：“假设你是一个飞往地球的外星人，而且恰巧降落在福克纳斯，你会觉得你已经探索了整个地球了吗？”

退一万步讲，即使火星全境都没有甲烷存在的迹象，也只能说明火星上没有能够产生甲烷的生命体存在，这并不能排除不产生甲烷的生命体存在的可能性，只是科学家还没想好怎么寻找那样的生命体。虽然最新发现减小了目前在这颗行星上发现生命的希望，但是科学家仍希望通过“好奇号”火星车研究耸立在盖尔陨石坑里的夏普山的有机化合物，找到远古生命的迹象。

外星生命就在头顶吗

外星生命爱好者还来不及失望，就有研究者宣布在我们头顶的大气层内发现了“外星生命”。2013年9月21日，英国谢菲尔德大学和白金汉大学的研究人员接受《每日电讯报》采访时说，他们在距离地面27千米的高空中发现微生物存在的证据。当年7月31日英仙座流星雨光临地球期间，他们用特制的气球在同温层收集样本，结果发现了单细胞硅藻的碎片。此前曾有科学家预测外星生命可能通过陨石等方式来到地球，甚至催生了地球生命进化。于是这个研究团队认为，这些硅藻碎片就是有史以来第一个相关证据，证明了地外生命是如何从太空来到地球的，流星或许就是“运输工具”之一。

不过，同一研究领域的同行们并不买账，不少科学家认为这些微生物根本不是什么“外星访客”，不过是受到风暴等自然现象的影响，从地面飞到高空而已。不巧的是，这项研究成果发表的地方也不大靠谱。论文是在一本名为《宇宙学》的杂志上刊出的。该杂志经常发表一些观点尚无定论的天体生物学论文以博取声名，而且审稿机制也不严格，不需要同行评议就能发表论文，这也是导致其他科学家对该研究结果嗤之以鼻的原因。

对于质疑声，论文第一作者谢菲尔德大学教授米尔顿·温赖特说："很多人默认这些生物颗粒是从地面飞上去的。不过，大家普遍认为，除非发生剧烈的火山爆发，否则类似尺寸的颗粒不可能飞到距地面27千米的高空。而我们搜集到证据表明前后三年内根本就没有火山爆发……所以我们只能得出结论，这些生命体来自太空。我们的假设是，生命正源源不断地从太空落向地球，生命并不局限于这颗行星，当然也几乎可以肯定生命的最初起源地并不在地球。"

这貌似科幻片《普罗米修斯》的桥段在科学上并不算是离经叛道，因为这并不是人类第一次在大气层中发现生命体。事实上，整个大气中都充斥着各种类型的微生物。在2013年，科学家们与美国宇航局合作，在距离地面6~8千米的高度发现了细菌的存在。仅从大西洋以及美国上空大气中采集到的一份样本中，就包含了314种不同种类的细菌。但科学家们认为，它们大部分是在飓风形成时被抛入高空的。但彗星、小行星等偶尔进入地球大气层的小天体存在有机物也是不争的事实。光谱分析发现彗星存在甲烷、氨气等有机物，堪称生命原料库。

对于如何甄别科学上的重大发现，著名天文学家卡尔·萨根有一句名言："不同凡响的发现需要不同凡响的证据。"对此美国宇航局天体生物学家克里斯·麦克凯分析道："或许报道中有一点是真实的，那就是在大气层中发现了一些有趣的东西……但是要从这一点一下子跳到认为发现了源自太空的生命体，这个跳跃幅度实在太大，我们需要更多更有力的证据。"麦克凯还谈到了他的一些设想："如果他们可以证明这些生命体颗粒的氨基酸组分是D-氨基酸而非L-氨基酸，那么对我而言这将具有说服力。因为这至少说明从生物化学角度来看，这些生命体具备与地球生命体不同的生物化学性质，因为地球上的生命体都具有L-氨基酸。而如果它们具有与地球相同的生物化学性质，那么你几乎不可能去证明它是外星生命体。"

美国华盛顿州立大学天体生物学家德克·舒尔茨-马库什同样认为这篇论文不够严谨。他表示，如果真的在一颗彗星上发现硅藻物质，他将会感到非常惊讶。因为地球上的硅藻属于相对高级的生命形式，其主要的发展期是在侏罗纪，地球上最早的生命在此之前大约30亿年便已经出现了。硅藻是一种典型的水生生命，而彗星上并不存在液态水体，只有当彗星短暂接近太阳的那段时期才有可能融化出现少许水分。

温赖特的研究团队在2013年10月与哈雷彗星相关的流星雨光临地球时，展开了进一步的研究，希望找出更为确凿的证据。比如，他们对这些生命物质开展各种同位素的分析。如果这些生命体显示与地球生命体相同的同位素比例，那么就可以排除太空来源的可能性，但如果两者的同位素比例不同，那么它们必定源于太空。他坚信自己所进行的研究是革命性的，并将彻底地改变人们对于生物与进化的认识，只可惜最终并未如愿。但是，他表示研究不会停止，继续寻找新的证据将是他坚持的目标。

大气星球孕育新希望

无论是预示火星生命存在的甲烷，还是流星带来的外星生命体，都指向了一个通常被忽视的生命起源地：大气层。通常认为地球生命起源于原始海洋中，太阳系内的地外生命可能起源于深海热泉、地下蓄水层、冰湖甚至彗星中。但是随着对行星、卫星研究的加深，大气层作为生命温床越来越吸引科学家的目光。

1. 雷电暗示土卫六有生命存在

2008年，西班牙格拉那达大学和瓦伦里亚大学的物理学家们通过分析“惠更斯号”探测器对土卫六“泰坦”的特殊观测数据，明确地证实土卫六大气层中存在着雷电风暴等自然电活动。预示着这颗最大的土星卫星上可能存在诞生于大气的生命。早在1908年，西班牙天文学家乔西·苏拉发现土卫六具有大气层，后来人们又发现土卫六大气中具有运动的云层，拥有形成静态电场和暴风雨的条件。

1953年，美国芝加哥大学化学系的学生米勒将水、甲烷、氨气和氢气混合，模拟原始大气，他将混合物灌入玻璃瓶中加热，并用火花电极模拟闪电。经过一星期不间断的放电，奇迹出现了：玻璃瓶的底部出现了一种淡红色的物质——有十一种氨基酸、糖和脂肪——这是构成生命的基本物质！米勒得出结论：无论在宇宙的哪个角落，只要具有与早期地球相似的条件，且具备原材料，生命就可能诞生。

从米勒实验的结果可以推断，土卫六大气层具有雷电风暴活动，拥有氮、甲烷、一氧化碳等成分，完全可能形成有机物质和早期生命形式。

2010年，美国科学家在模拟土卫六海拔约1000千米的大气层实验中"制造"出了包含氨基酸和核苷酸的基础生命分子。他们使用无线电波作为能源，来模拟太阳辐射在土卫六大气表层的紫外线。紫外线能破坏甲烷和氮气的分子结构。当这些分子暴露在辐射中时，它们就会非常迅速地合成，而且这个过程并不需要液态水。这是第一次在无液态水大气层模拟实验中合成出了这些与生命密切相关的基础分子。行星科学家们认为，冰封的土卫六是地球早期面貌的写照，因此，地球生命更可能起源于薄雾笼罩的原始大气中，而不是原始海洋中。

2. 金星大气可能孕育奇特生物

金星云层具有较强酸性，并且表面温度足以熔化铝，但在金星云层中却能发现一些最接近地球的环境条件，具备了孕育微生物的可能。金星的云层距地面50~65千米，温度和压力非常类似于地球，甚至还发现了一些水蒸气和自由氧的踪迹，它们的数量并不多，却能维持某些生命存活。

与之相似，地球云层中就存在着微生物，它们的生命力较顽强，可在干燥、较强紫外线照射和低氧气含量的条件下生存。金星云层能够吸收更多紫外线，这或许对人类的皮肤是有害的，但却能够给有机分子之间的化学反应提供能量，很可能创造出奇特的生命形式。

中国道家曾有“元气化生”的说法，所谓“天地成于元气，万物乘于天地”。《封神演义》中哪吒重生也是师父向莲花吹口“真气”才得以实现。现代科学虽未能证实这种“元气”的存在，但大气层有可能是孕育生命的产房，已经是很有力的推断了。

4 天地悠悠

第十五章

夜空的图案

在晴朗的夜空中，点点繁星晶莹闪烁，引发人们多少遐思！比如在中国，牛郎和织女跨过银河相会的故事家喻户晓；在西方，猎户奥利安带领猎犬追赶七姊妹变成的鸽子则被编为儿童文学。这些神话传说都指向星座与星名，标志着不同文化对星空的认识和理解。当天文学家出于编制历法、探索宇宙奥秘的目的观测星空时，他们需要把星空分为若干个区域，每一区就是一个星座。每一个星座均冠以神话故事中的人物、动物或器具等的名称。这些名称有些是约定俗成的、起源难考，有些是后人加上的。

人们看到的天上的图案，往往反映了他们关心的事物。当人们以狩猎为生时，在夜空中看到的是猎户、猎犬和熊的图案。希腊人认为世界由凡人、英雄和众神三个阶层构成，所以他们在星空中看到的是英雄和神的世界——牧夫、武仙、英仙、仙王、仙后……当地理大发现时代来临时，南半球的夜空下布满了望远镜、罗盘、六分仪等与航海有关的器具。如果由现代人命名的话，我们就会在空中见到电脑和火箭星座，甚至见到蘑菇云星座。

1922年，国际天文学联合会大会决定将天空划分为88个星座，其名称基本依照历史上的名称。1928年，国际天文学联合会正式公布了88个星座的名称。这88个星座分成3个天区，其中北半球29个，南半球47个，天赤道与黄道附近12个。

星座与神话

在5000多年以前，美索不达米亚平原上有一群巴比伦尼亚的牧羊人过着逐水草而居的游牧生活。他们在牧羊的流浪生活中，每天仍不忘观察闪烁在夜空中的星星，久而久之，就从星星的动态中看出了很有规则的时刻与季节的变化。这些牧羊人将较亮的星星互相连接，根据连接而成的形状去联想各种动物、用具或他们所信仰的神像等，并为它们取名，创造了最早的星座。如现在的黄道12星座等总共有20个以上的星座名称，在那个时候已经诞生。

有的星座名称由来已久，例如《圣经》的《约伯记》中就曾提到大熊、猎户和昴星团。但流传至今的大多数星座名称是希腊人发明的，大熊座与小熊座就是一个例子。

按照希腊神话，宙斯爱上了一个名叫卡利斯托的仙女，不久卡利斯托便怀孕生下了宙斯的儿子阿卡斯。愤怒的天后赫拉得知此事后，把卡利斯托变为一只大熊，使她只得在森林里生活下去。过了许多年，卡利斯托的儿子阿卡斯长大，并成为一名出色的猎手。有一天，阿卡斯在森林里打猎，卡利斯托认出了自己的儿子，忘了自己是熊身的她身不由己地向他跑了过去。但是，阿卡斯并不知道这只大熊是自己的母亲，便向这只熊举起长枪，就在这个危急时刻，宙斯急忙将阿卡斯也变成一只熊，变成熊的阿卡斯认出了自己的母亲，从而避免了一场弑亲的悲剧。后来宙斯又将两只熊一同升到天上，并在众星之中给了他们两个荣耀的位置，这就是大熊座与小熊座。

“一千个人眼中有一千个哈姆雷特”，夜空中的图案也是这样仁者见仁、智者见智，有些人把北斗七星叫作大熊星座，另一些人看到的则是完全不同的形象。在中美洲居住的土著居民阿兹特克人看来，大熊座的最后一颗星总是被地平线遮蔽，所以他们认为那个星座是特克卡特里波卡神的化身。他曾被天上的怪兽咬掉了一只脚，就是那颗藏在地平线下不出现的星。居住在比利牛斯山脉西麓的巴斯克人将这七颗星看作是两头牛后面跟着两个小偷，牛主人和仆人在暗中监视。巴斯克人多务农，这一幕肯定是他们熟悉的景象。

在古代中国人看来，大熊座是帝王出行时乘坐的车（斗为帝车）。有趣的是，希腊人曾经也把大熊座称为“车座”，在《荷马史诗·奥德赛》中提到过“车座”，根据希腊神话，丰收女神得墨忒耳与播种者伊阿西翁相爱，但宙斯不愿一个女神与凡人结合，就用雷电劈死了伊阿西翁。后来得墨忒耳生下了伊阿西翁的儿子斐罗墨勒斯，这个播种者的儿子发明了犁和车，从此以赶牛人的形象驾着车走过天空。但这个神话不及大熊的神话深入人心，渐渐地从夜空中淡化了。

近代星座命名

在公元前4世纪，希腊天文学家欧多克索斯已经把北半球能见到的大多数星座描述过了。他还是第一个用经纬度划分天空的人，后来地理学家根据这个思想，给地面也划分了经纬度。公元150年希腊天文学家托勒密在其著作《天文学大成》中列出了48个星座，其中许多源自希腊神话中的人物和动物。

罗马帝国灭亡后，不少希腊典籍都散失了。阿拉伯人发现了这些希腊科学著作的价值，并把它们翻译成阿拉伯语，因此有的星座名带有阿拉伯色彩。如天兔座本是古希腊人命名的星座，代表被大犬座追逐的兔子，其西名为Arneb，在阿拉伯语中是“大野兔”的意思。

后来星座的数目不断增加，主要是为填补托勒密星座间的空缺（因古希腊人认为明亮的星座间是有暗淡的空白地带的），另一原因是当欧洲的探险家往南进发时，能够看见一些以前看不到的星空，所以要加入新星座以填满南面的天空。

远航的水手们是第一批见到南天星斗的欧洲人。后人以航海器具命名这些星座，如圆规座、六分仪座、望远镜座、罗盘座……有些星座则以探险家所见的奇人轶事命名，如印第安座、鹿豹座（代表长颈鹿）、蝘蜓座（代表变色龙）、水蛇座、天鹤座、飞鱼座……

科学革命以来，天文学家对南天新发现的星座越来越有发言权。有些星座是近代天文学家亲自命名的，代表了当时的科学风貌。如法国天文学家拉卡伊在1750年至1754年间到好望角进行观测，制成了几乎包括两千颗南天恒星的星表。他用科学仪器命名了一些星座，填补了南天星座间尚存的全部空缺，其中有时钟座、矩尺座、天炉座（象征化学熔炉）、显微镜座。为了纪念自己在好望角的塔布尔山（桌山）绘制南天星图的辛劳，拉卡伊将一个很小的星座命名为“山案座”。

也有天文学家出于奇怪的理由用动物命名星座。波兰天文学家赫维留（Hevelius）在17世纪将一个暗淡星座命名为“山猫座”，按他的解释，只有眼睛像山猫一样敏锐才能辨认出这个星座。他还命名了仅有3颗亮星的狐狸座，意思是狐狸与鹅。

从那以来，陆续增加约40个星座。但是星座的界限不断地改变与补充，有的星座一分为三，有的小星座合并为大星座。这些星座大多根据中世纪传下来的古希腊传统星座为基础。为了便于天文学研究，天文学家将星座的名称和范围永久地固定下来。1930年，德尔波特（Delporte）发表了他测定的88个星座边界，经国际天文联合会认可，成为全世界公认的标准。在德尔波特的工作之前，每个星座的边界并不精确，只有粗略的定义。

德尔波特当时的方案是用互相垂直和平行的赤经和赤纬来划分星座的边界。但这是根据1875年测定的恒星位置进行划定的。一百多年过去了，由于地球自转轴的转动，在现在的夜空中，星座的边界线看起来不再是完全的水平或垂直，而且随着时间推移，星座边界偏斜的程度也会逐渐增加。

星座家族

为了便于记忆全天88个星座的名称与位置，有人将相邻的多个星座按照星座名称之间的联系划分为“星座家族”。以下是8个星座家族的“家谱”：

大熊家族是拥有10个星座的集团，包括大熊座、小熊座、天龙座、猎犬座、牧夫座、后发座、北冕座、鹿豹座、天猫座和小狮座。这些星座环绕着北天极，其中的大熊座包含了著名的北斗七星。

黄道家族包括在黄道上的12个星座。狮子座、室女座、天秤座、天蝎座、人马座、摩羯座、宝瓶座、双鱼座、白羊座、金牛座、双子座和巨蟹座。

英仙家族包括9个与珀耳修斯（英仙）故事有关的星座，即仙后座、仙王座、仙女座、英仙座、飞马座、鲸鱼座、御夫座、蝎虎座和三角座。

武仙家族包括19个星座，其中许多都与赫拉克勒斯（武仙）的故事有关。其成员有武仙座、天箭座、天鹰座、天琴座、天鹅座、狐狸座、长蛇座、六分仪座、巨爵座、乌鸦座、蛇夫座、巨蛇座、盾牌座、半人马座、豺狼座、南冕座、天坛座、南三角座和南十字座。

猎户家族包括猎户座、大犬座、小犬座、天兔座和麒麟座等5个星座。在夜空中，这几个星座看起来仿佛是猎人率领大狗、小狗和独角兽，追逐着野兔。

水族包含9个星座：海豚座、小马座、波江座、南鱼座、船底座、船尾座、船帆座、罗盘座和天鸽座。这些星座是湖泊、河流、海洋生物和船只的组合。船底座、船尾座、船帆座是古老的星座南船座拆开来的一部分，罗盘座则是新增的。

拜耳家族是包含11个星座的集团，它们是水蛇座、剑鱼座、飞鱼座、天燕座、孔雀座、天鹤座、凤凰座、杜鹃座、印第安座、蝘蜓座和苍蝇座。这些星座都是拜耳在1603年命名的。

拉卡伊家族是有着13个星座的集团，包括矩尺座、圆规座、望远镜座、显微镜座、玉夫座、天炉座、雕具座、时钟座、南极座、山案座、网罟座、绘架座和唧筒座。这些星座都是拉卡伊在1756年以科学用具命名的。拉卡伊家族和拜耳家族的星座都位于偏南方的天空，古时候的希腊人和罗马人未曾看到过。

小贴士：恒星的命名

大多数肉眼可见的亮星都有传统的名称，有许多都源自阿拉伯语，但也有少数源自拉丁文的。但随着望远镜的发明，需要命名的恒星越来越多，天文学家开始用“星座+编号”的形式为所有的恒星命名。这主要是根据恒星所处的星座来定名。如半人马座α星（拜耳命名法，用希腊字母的顺序为星座中亮星逐一命名）、飞马座51（弗兰斯蒂德恒星命名法，以数字取代希腊字母，数字随着赤经的增加而增加）、天琴座RR（变星命名）等。但在中文中，很多时候都会用到中国星官的古星名，例如半人马座α星也叫作“南门二”。

中国星座

与希腊人喜欢把天空中较亮的星星连接起来划分星座的方法不同，我们的祖先重视天空区域的设计甚于重视亮星。古人把天上临近的恒星数个合并为一组，每组给定一个名称，用政府机构和官员名称命名，这样的组合叫作“星官”。最重要的星官是三垣和二十八宿。“宿”的意思是月亮在恒星间的“住所”。古人把黄道带分成四象和二十八宿，每一象包含七宿。

“三垣”是指北天极和近头顶天空分成的三个区域，

“垣”指的是墙，三垣都有东、西两列的星，左右环列，形如城墙。“三垣”分别是天帝居住的“紫微垣”、天帝处理政事的“太微垣”以及各诸侯国贸易的“天市垣”。“紫微垣”是三垣的中垣，它是以北极方向不动的“天极星”为中心，并以其附近的一片星群为基础构成。古人认为这颗静止不动的天极星象征着威严的帝王。“太微垣”诸星和“天市垣”都是在四周拱卫着帝王之星。

于是，这些星座构成了一个组织严密的体系。古代天文学家将地上以皇权为中心的社会体制搬到天上，以此为基础，建立了一套以皇权统治机构命名的星官系统。而以黄道为中心划分出的四象则更像是古代生产、生活、战争、民族融合的投影：银河是天上的河流，天帝在银河的沿岸建起关梁，以利于交通和关防；农人种植着大片天田，天河中生长着鱼、鳖、龟等水产；人们有箕之类的农具，弧矢之类的猎具，车、船、斗之类的生活用具；鸡、狗、牛、狼等动物；织女、牛郎、造父、王良等人物……人间万物和社会组织几乎被完美无误地复制出来。

可以说，中国星座的玄妙之处就在于它几乎完全对应着世俗社会，说中国星象就是天上的中国社会一点都不夸张。

中国古代对黄道带四象的命名，对应着远古四方部落的分布，四方的部落分别称为东夷、南蛮、西羌、北狄。

东夷的图腾是龙，南蛮的图腾是鸟，西羌的图腾是虎，北狄的图腾是龟蛇。四象就建立在图腾基础上，同相应的民族是有关系的，而二十八宿分属四象，各宿宿名都与这四大民族的迁徙演变有关。

张衡在《灵宪》里描述道："苍龙连蜷于左，白虎猛据于右，朱雀奋翼于前，灵龟圈首于后。"所谓"四象"，也是古人划分的四天区。下面的口诀，可以帮助你记忆四象与二十八宿的名称：

东方苍龙——角亢氐房心尾箕

北方玄武——斗牛女虚危室壁

西方白虎——奎娄胃昴毕觜参

南方朱雀——井鬼柳星张翼轸

为何星空多变化

肉眼能看到的恒星，都是银河系内距太阳较近的。这些恒星与太阳一起围绕银河系中心运动，它们构成的星空背景相对太阳而言几乎是不变的。但是地面上的观察者跟随地球自西向东的自转，这就导致每天晚上星空看起来都是东升西落的，这其实是一种视觉现象。星空呈360度"包裹"着地球，可以算出星空每小时"转动"15度（360度/24小时），因此在同一地点不同时刻观察到的星空也不同。而地球每年围绕太阳公转一周，这就造成同一地点看到的星座随季节变化而不同。一年后，星座又会回到原来的位置。

在地球上纬度不同的地点，能看到的星空范围是不一样的。在北半球，由于南方地平线的遮挡，纬度越高的地方越难以看到偏南的星空。这就是古代天文学家不知道南方星空的原因，因为他们大多生活在北半球，无缘目睹南方星空。同样，在南半球，越往南，能看到的北方星座越少。

以老人星（船底座α星）为例，它是亮度仅次于天狼星的全天第二亮星。但它的位置太靠南，在我国北部看不到。只有长江流域及以南的地方，才能在接近地平线的南方天空中看到它。唐代诗人李白曾写下“衡山苍苍入紫冥，下看南极老人星”的诗句，意思是在湖南衡山登高远眺，才可以“向下”看见接近地面的老人星。

星座与命运有关吗

现在的年轻人几乎无人不知自己的星座。有些人在恋爱时还会比较双方的星座，看看两人是否般配。他们或多或少地相信，一个人的星座与他的个性、行为、职业以及命运相联系。按照《不列颠百科全书》对占星术的定义：“通过观测和解释日、月、星辰的位置及其变化来预卜人世间事物的一种占卜。”认为星座影响命运，就是占星术的一种。

占星术起源于公元前3000年的美索不达米亚，并散播至印度，在希腊化时代发展为现在面貌的占星术。按照希腊传统，天体根据黄道十二宫来划分，这些亮星轮流升起，对人类事物产生一种精神上的影响。在古代中国，占星术也有重要地位，在帝制时期，每个天潢贵胄初生时都有专人去推算其天宫图和一生当中会出现的波折。

15世纪，哥白尼的日心说推翻了占星术信仰的以地球为中心的世界观，但占星术士们与时俱进，很快在日心说基础上重新建立了理论体系。在天文学家相继发现天王星、海王星和冥王星后不久，占星术士又把这三颗遥远行星纳入自己的理论体系，为它们赋予了不同的“人性”。但是这种修修补补的理论到底敌不过科学界的公论。2006年，当国际天文学联合会通过决议，取消冥王星“大行星”称号时，还有占星术士做事后诸葛亮，声言自己预计到此事发生。

历史上虽然不断有人反对占星术，但它却一直盛行不衰，甚至在文艺复兴时期还得到诸如开普勒等著名学者的支持。直至启蒙运动时，斯威夫特和伏尔泰对其予以激烈抨击，人们对它的接受程度才大大降低。但是，不知道什么原因，到20世纪30年代之后，它又在西方流行起来。尽管现代科学发展起来以后占星术命运多舛，但一直到现代人们对占星术的兴趣仍然不减，大家都相信占星上的种种迹象会影响人的性格。在西方，报纸上每天都要登载天宫图，偶有一天未载竟还引起读者的抗议。现在国内的时尚杂志、娱乐网站上也辟出专区，谈天说星，纵论古今。名人也未能免俗，据说美国总统里根和夫人南希“根据占星家所言行事”，而希特勒的失败则归咎于不再信任占星家。

科学家很早就注意到普罗大众对占星术的迷恋。他们试图用科学手段证明或证伪占星术的可靠性。1971年，加州大学伯克利分校搜集了1000个成年人的星座和他们被天宫图影响的属性，包括领导才能、政治观、音乐才能、美术才能、自信心、创造力、职业、宗教信仰、社交能力等。分析表明，天宫图不同的人在这些方面都不存在差异，天宫图根本无法预测人生。1975年，鲍克、杰罗姆和库尔兹拟定了一份抨击占星术的声明，包括19位诺贝尔奖得主在内的192名著名科学家在这份声明上签了名。

但疑者自疑，信者笃信。科学家认为那些恒星与地球的距离是如此遥远，恒星的图案更是随机形成，根本不可能对地球和人产生任何影响。而相信占星术的人则觉得自己的星座“解语”与自己的性格十分般配，星座的力量在周围人身上也纷纷灵验，难道这当中没有什么统计规律吗？

科学家早就注意到出生日期相近的人也许具有相似的个性。1929年，一位瑞士科学家莫里兹·特拉默发现，晚冬出生的人患精神分裂症的概率比其他季节出生的人要高。后来的统计显示，在北半球，出生在2—4月的人患精神分裂症的比例比其他月份出生的人高5%～10%。而且纬度越高，差别就越大。自杀现象也与出生日期相关，对2.5万名英格兰和威尔士地区自杀者的出生时间进行的统计表明，出生在4—6月的人自杀的概率比其他月份高17%。甚至4—6月出生的英国人患厌食症的概率比其他月份也要高13%。

占星术起源于北半球温带地区，这里有分明的四季变化。在这个区域出生的孩子，在其胚胎发育和婴儿期等重要性格形成时期会受到周围地理环境的影响。这些外在环境因素与婴儿的性格发育多少有些关系。一个严冬坠地、很少出门的婴儿性格阴郁的可能性也许会比一个夏天出生、能经常被母

亲抱着出门晒太阳的孩子大。如果把一年等分为12段，每个时间段出生的孩子后天习得的性格都会因气候情况不同而各异。如果你把第一个时间段命名为“白羊座”，最后一段时间命名为“双鱼座”，再为每一段时间出生的人杜撰一些似是而非、模棱两可的分析，那你也能做“占星家”了。

也许，决定先天性格乃至疾患的不是多少光年以外没有物理联系的恒星图案，而是我们脚下的行星地球和离它最近的恒星——太阳所引起的四季更迭。

征服欧亚的亚历山大大帝周围曾有一批御用占星家

为他的决策提供参考，但一代明君亚历山大并不被他们牵着鼻子走，他有一句名言："预言家，预言家，预言最好的事，才是最好的预言家。"心理学告诉我们，面对一个问题的不同解答时，人的天性就是接受与自己预期相符的答案，对于那些不准确甚至是相反的解答，我们会忽略它们。占星术以及任何占卜都利用了人与生俱来的这种无害的轻信。人们都希望能把握自己的命运，至少是可以预知自己的命运。星座与占星提供了一种简便的可能性，它可以将复杂而多样的人群快速区分为12个部分，如果需要，还可以进一步细化。

西方认为天上有88个星座，中国人则认为群星应划为三垣二十八宿。但东西方占星家或信仰"天垂象，见吉凶""天人感应"，或相信"仰窥天意，预卜未来"。同一片星空，在迥异的文明中被定义为不同的图案，有着不同的解读方式，其价值却都直指人心，指向最为缥缈而又难以把握的未来。占星术，作为一种古老的文化，安慰心灵尚且可以，指导行动未免不切实际了。

第十六章

星空争夺战

失色的星空

太阳落下不久，雾气渐渐上升，清冽的空气弥漫在四周，把海拔900米的国家天文台兴隆观测站和山下的村庄笼罩在一片浓浓的寒意里。尽管已是初夏，但我们都穿得很多，静静地围在施密特望远镜旁，努力适应着望远镜圆顶里的黑暗。突然，电动机的啸叫打破了宁静。圆顶隆隆地敞开了，并吱吱嘎嘎地转到选定的夜空。在天窗升起后露出的缝隙里，出现了一颗颗星星。

为防止光污染，偌大的观测站里连一盏路灯都没有。山梁上零星分布的圆顶与山谷中的数幢楼房也罩在一片黑暗中，看不到一点灯光。这里的窗子都使用双层窗帘，晚上不会漏出一丁点光线，以免影响天文观测。这种只有星光的黑暗是习惯了城市生活的人很难想象的。

以上是笔者在参观国家天文台兴隆观测站后写下的文字。那里天文宁静度好，大气透明度高，是中国乃至亚洲最大的光学天文观测基地。

但是观天的福地也面临着威胁，夜幕笼罩的西南方地平线上有一小块暗红区域，那是北京城的方向。城市灯火影响到了天文观测，这不仅是用望远镜才能体察的影响，更是肉眼能够分辨的事实。

我们正在失去夜空。2009年，澳大利亚《宇宙》杂志刊登报告指出，全球70%的人口生活在光污染中，夜晚华灯造成的光污染已使世界上20%的人无法用肉眼看到银河美景。该报告称："人类正在失去美丽的夜空，这是人工照明导致星空消逝。"

目前，大城市普遍、过多使用灯光，使天空太亮，看不见星星，影响了天文观测，很多天文台因此被迫停止工作。在夜晚天空不受光污染的情况下，肉眼可以看到的星星可达7000颗，而在路灯、背景灯、景观灯乱射的大城市里，肉眼只能看到20~60颗星星。

大城市夜晚的灯光

天文学家对光污染极为敏感。从17世纪起，他们就开始利用天文望远镜来最大限度收集从恒星、星云或星系发出的微弱光亮。1917年，美国天文学家在加利福尼亚威尔逊山上启用了当时世界上最大的天文望远镜，口径2.5米。那时，从威尔逊山上还只能看到帕萨迪纳和洛杉矶方向有些微弱的灯光。著名天文学家哈勃就是用这台望远镜发现了河外星系。如今，由于从大都市和它的卫星城发出的散射光，威尔逊山夜空的亮度已比自然背景亮度高出4倍。光污染使天文望远镜的“视力”大大下降。数据显示，光污染每增加1倍，望远镜的观测效果将同比下降一半。位于美国加利福尼亚州的帕洛马山天文台，拥有口径5.1米的海尔望远镜。这座天文台曾发现过类星体和大量的宇宙奥秘。但近些年，由于140千米以外的圣地亚哥市人口猛增，灯光干扰日益严重，天文望远镜只能发挥一半的效力。为此，圣地亚哥市政府决定降低当地街灯亮度，并限制使用不必要的户外电灯。

随着城市化进程的加快，类似的现象在发展中国家也出现了。1994年到2007年，上海天文台佘山工作站夜天光亮度在V波段从19星等变亮到15.8星等，变亮约20倍，而国际优良台站的夜天光亮度一般暗于21.5星等，比佘山要暗200倍。上述夜天光的变化使得我国自主研制的第一架大口径光学望远镜——佘山1.56米望远镜已经很难在常规天文观测中发挥其应有作用。根据1985年国际天文学联合会的建议，世界级的高质量天文台人为光的背景增加应少于10%，即人为光的背景的增加不超过0.1等；国家级的不超过0.2等，即光污染的比例只能小于20.2%。而1998年对上海天文台佘山观测站周围光污染的测试表明，光污染比例高达591%。为了避开城市照明对天文观测的影响，中国科学院上海天文台已在浙江另觅观测地。

何为光污染

光污染问题最早于20世纪30年代由天文学家提出，他们认为光污染是城市室外照明使天空发亮对光学天文观测造成的负面影响。后来英美等国称之为“干扰光”，在日本则称为“光害”。现在一般认为，光污染泛指影响自然环境，对人类正常生活、工作、休息和娱乐产生不利影响，损害人们观察物体的能力，引起人体不舒适和损害人体健康的各种光。从波长10纳米至1毫米的光辐射，即紫外辐射、可见光和红外辐射，在不同的条件下都可能成为光污染源。由于瞳孔的调节作用，人的眼睛对于一定范围内的光辐射都能适应，但当光辐射增至一定量时，将会对人体健康产生不良影响。

到过农村的人都有这样的体验，乡下的夜空中星星似乎特别多而且璀璨明亮。其奥秘就在于乡下地面灯光稀少，使得天幕格外黑暗，衬托出无数灿烂的星辰。而在城市，即使在万里无云的晚上，也会觉得星月黯淡。

光污染是现代城市发展的必然产物。随着城市的扩大，照明灯的不断增加，空气污染使灯光四散，星光便渐渐地被人造光所吞噬。据统计，仅美国向天空散射的强光，每年就消耗掉170亿千瓦时的电量，价值10亿美元，足够供应爱尔兰全国一年的用电。

光污染可分为三大类。第一类是“人工白昼”，主要指夜间强光照明带来的不适感；第二类是“白亮污染”，主要指建筑材料等在白天反射、折射太阳光造成的负面影响；第三类是“彩光污染”，主要指迅速变化的彩色光源带来的影响。另外，激光污染，汽车尾气造成的化学光雾和工业、医学中的红外线、紫外线等都属光污染范畴。

1. 人工白昼

夜幕降临后，商场、酒店上的广告灯、霓虹灯闪烁夺目，令人眼花缭乱。有些强光束甚至直冲云霄，使得夜晚如同白天一样，这就是人工白昼。在这样的“不夜城”里，人们夜晚难以入睡，人体正常的生物钟被扰乱，导致白天工作效率低下。人工白昼还会伤害鸟类和昆虫，因为强光可能破坏昆虫在夜间的正常繁殖过程。

2. 白亮污染

白亮污染是指白天当太阳光照射强烈时，城市里建筑物的玻璃幕墙、釉面砖墙、磨光大理石和各种涂料等装饰的反射光线，明晃白亮、令人目眩。据光学专家研究，镜面建筑物玻璃的反射光比阳光照射更强烈，其反射率高达90%，光线几乎全被反射，大大超过了人体所能承受的范围。长时间在白色光亮污染环境下工作和生活的人，视网膜和虹膜都会受到不同程度的损害，视力急剧下降，白内障的发病率高达45%，还会产生头昏目眩、失眠、心悸、食欲下降及情绪低落等类似神经衰弱的症状，使人的正常生理及心理发生变化，长期下去会诱发某些疾病。

3. 彩光污染

娱乐场所安装的黑光灯、旋转灯、荧光灯以及闪烁的彩色光源构成了彩光污染。据测定，黑光灯所产生的紫外线强度大大高于太阳光中的紫外线，且对人体有害影响持续时间长。

4. 激光污染

激光污染是光污染的一种特殊形式。由于激光具有方向性好、能量集中、颜色纯等特点，激光通过人眼晶状体的聚焦作用后，到达眼底时的光强度可增大几百至几万倍，对人眼有较大的伤害。

5. 红外线污染

红外线近几年在军事、人造卫星以及工业、卫生、科研等方面的应用日益广泛，红外线污染问题也随之产生。

红外线是一种热辐射，对人体可造成高温伤害。较强的红外线可对皮肤造成伤害，其情况与烫伤相似，最初是灼痛，然后是造成烧伤。

光害知多少

目前距爱迪生发明电灯不过一百多年，日益增加的城市室外照明使夜空愈发明亮，特别是那些为了显示城市繁华而点亮的泛光灯。从照明过度的城市、亮如白昼的高速公路和工厂散发出的光线经过反射、折射与散射，令大多数人无可避免地生活在光线交织成的苍穹下。在卫星拍摄的地球夜景照片中，几乎整个欧洲都犹如一团由灯光构成的星云，美国大部分地区和日本全境的情况也是如此。在南大西洋，从太空都能看到一支捕鱼船队用来吸引猎物的金属卤化灯的光芒，比布宜诺斯艾利斯和里约热内卢等大城市发出的光还要亮。

早在20世纪30年代，就有研究发现荧光灯的频繁闪烁会促使瞳孔频繁缩放，造成眼部疲劳。如果长时间受强光刺激，会导致视网膜水肿、模糊，严重的会破坏视网膜上的感光细胞，甚至使视力受到影响。光照越强，时间越长，对眼睛的刺激就越大。

玻璃幕墙是一种美观新颖的建筑墙体装饰材料，是现代主义高层建筑的显著特征，但它造成的镜面反射也是城市光污染的主要来源之一。据测定：一般镜面玻璃的光反射系数为0.82~0.99，该数值比白粉墙、草地、森林或毛面装饰物面高，这个数值大大超过了人体所能承受的生理适应范围，会对人体造成危害，构成了现代新的污染源。

2001年美国《国家癌症研究所学报》发表文章称，美国西雅图一家癌症研究中心通过对1606名妇女进行追踪调查后发现，上夜班的女性患乳腺癌的概率要比常人高60%，而且上夜班的时间越长，患病的可能性就越大，这些都在一定程度上验证了光污染会严重损害人的健康，甚至诱发肿瘤的论点。2008年《国际生物钟学》杂志的报道证实了这一说法，针对以色列147个社区的调查发现，光污染严重的地方，女性患乳腺癌的概率会增加40%。医学专家认为这可能是因为非自然光会抑制人体免疫系统，影响激素的分泌，内分泌平衡遭破坏，从而导致了癌变。

光污染不仅损伤人的生理功能，还会影响心理健康。“光谱光色度效应”测定显示，如果白色光的心理影响为100，则蓝色光为152，紫色光为155，红色光为158，紫外线达到187。如果人们长期处在彩光灯的照射下，其心理积累效应会不同程度地引起倦怠无力、头晕、神经衰弱等身心方面的病症。

光污染不但加害着人类，还影响了野生动物的生活规律。受影响的动物昼夜不分，活动能力出现问题。一个多世纪前，鸟类的观察者就报告说鸟常常被灯塔所吸引，这些鸟成群结队地盘旋在灯塔的周围，在昏暗夜空中或相互碰撞，或撞塔而死。在鸟迁移的高峰期，一座“死亡之塔”在一个晚上就能杀死几千只鸟。

环保组织的调查显示，长时间的夜间灯光影响候鸟作息，光照环境改变甚至导致候鸟在迁徙过程中迷路。据美国鱼类及野生动物部门推测，每年受到光害影响而死亡的鸟类达400万~500万只。而一些依据自然光选择时机排卵和孵化幼崽的动物如海龟，在人类光照影响下已无法进行正确判断。

河流生态系统也会受到夜晚人工光源的影响。科学家发现，有几种在河里巡游的鱼，如大麻哈鱼、青鱼等，夜晚喜欢聚集在有人工灯光的水道。鱼类的不正常聚集，给熊和其他捕食动物提供了良好的捕食机会，最终给鱼群的群体数量造成了极不利的影响，河流生态也可能因此严重失衡。光污染还使湖里的浮游生物的生存受到威胁。额外的光照有利于藻类繁殖，制造赤潮，结果杀死了湖里的浮游生物并污染了水质。

动物不是唯一受光污染危害的生物。光污染还会破坏植物的生物钟节律，妨碍其生长，导致茎或叶变色，甚至枯死；对植物花芽的形成造成影响，并影响植物休眠和冬芽的形成。研究人员在试验植物芥菜体中找到了9种不同类型的光感受器，这些感受器对叶片和茎的生长、花的开放时间、果实成熟期以及其他生命活动起着各不相同的作用。光污染对植物的繁衍还有间接的影响，因为强光可破坏夜间活动昆虫的正常繁殖过程，靠夜行昆虫来传粉的花因为得不到协助而难以繁衍，可能导致某些种类的植物在地球上消失。

捍卫夜空

近些年，世界各地的人们开始与光污染作斗争。在国外一些新开发的地区，居民们被要求安装不对天空的灯光装置，不允许灯光向天空发射，鼓励夜晚照明灯光全部射向地面。还有的地方则规定，新的街灯必须安上灯罩，以确保灯光不向上投射。

1988年，由天文学家、医生和工程师组成的国际黑暗天空协会在美国成立，旨在减少由人类过度使用照明系统而产生的种种问题。国际黑暗天空协会将不列颠群岛与欧洲大陆之间的小岛萨克岛命名为“暗夜岛”，岛上不设置公共照明，并为居民严格规划室内照明，把光照控制在可接受的范围之内。如今萨克岛不仅免于遭受光污染这一“城市病”，还能够在晴朗的夜空展现光彩照人的银河，成为治理光污染的“示范地”。

不少国家已经从立法层面开始治理光污染。捷克已制定了专门针对光污染的《保护黑夜环境法》；美国加利福尼亚州以分级的形式规范照明区域；新墨西哥州颁行《夜空保护法》，规定室外照明要安装适当合理的装置防治光污染，并将对违法者处以罚款；犹他州则制定《光污染防治法》，推行类似措施。

除立法外，不少国家还采用行政管理手段对光污染进行治理。在美国纽约、英国伦敦等大城市，特别是摩天大楼集中的区域，管理部门往往对楼宇灯光的开放时间和亮度有细致的要求。在居民区，则禁止使用安装大规模照明装置。日本等国限制激光束、泛光灯等强光源的使用，而在美国一些地方，则通过行政规定限制公共照明设施的功率。另外，不少国家对户外灯光的角度、灯具的形式以及光源距离住宅的远近等做出细致的规定，以最大限度地减少光污染对居民生活的影响。

适当调整城市照明布局也是一种有效措施。德国已经对1/3原本射向天空的灯光进行了调整。此外，对人工照明灯加以一定的遮蔽，改变灯光射出的方向，或将有溢散光的圆形灯具换成无溢散光的平底灯，使光投射到需要被照射的地方，适量降低照明亮度和减少照明时间，这些都可以在一定程度上达到保护动植物的目的。

为吸引游客，世界许多地方都在竞相宣传这里有真正的黑夜。2014年7月，占地2500平方千米的西藏阿里暗夜保护区正式投入运营，成为我国首个暗夜保护区，外围区建设了暗夜公园和天文广场。阿里暗夜保护区的运营可助力天文观测，为我国治理光污染提供一个全新的平台，还能推动星空科普旅游，可谓“一举三得”。

在科幻作家笔下，没有见过灿烂星空的文明是不幸的。阿西莫夫在短篇科幻小说《日暮》中曾写到，没有见过星空的文明突然看到璀璨星空，知悉宇宙的真相后，整个星球都陷入了巨大的疯狂与混乱。现在，人类已经意识到灿烂星空的可贵，绝不会给后代留下苍白无物的夜空。

第十七章

开天霹雳：宇宙大爆炸

当你仰望星空时会想起什么？身处今天的都市，我们仰望星空除了看到月亮之外，只能看到诸如北极星等少量星体。但如果你有机会到郊外一游，特别是在野外过夜，你肯定会对浩瀚的夜空、无数的繁星发出感叹。也许你会想，这个世界到底是什么样子呢？其实我们的祖先和我们遇到的情况一模一样。

最早的宇宙学说

虽说宇宙大爆炸学说是目前公认的宇宙起源“标准学说”，但人类对于宇宙从何而来的好奇心古已有之。从中国的盘古开天地到西方的上帝六天创造世界，各民族关于宇宙起源的传说如出一辙，都认为由超自然的力量“建造”了宇宙。

不单是对宇宙起源的猜测相似，各民族对宇宙的结构的最初看法也是惊人的相同。这从三个文明古国对宇宙结构的猜测就可以看出。

古巴比伦人生活于4000年前的两河流域，他们认为宇宙是一个密封的箱子或小室，大地是它的底板。底板中央矗立着冰雪覆盖的区域，幼发拉底河就发源于这些区域中间。大地四周有水环绕，水之外还有天山，以支撑蔚蓝色的天穹。

古埃及人在尼罗河两岸生活，他们心目中的宇宙大体上和古巴比伦人一样。他们认为宇宙是一个方盒子，南北的长度较长，底面是凹下去的，埃及就处于凹陷的中心。天是一块平坦的或球形的天花板，四方被四个天柱，即山峰所支撑，星星是用链缆悬挂在天上的灯。在方盒的边沿上，围着一条大河，河上有一条船载着太阳往来。尼罗河是这条河的一个支流。显然，这个宇宙模型受当地地貌的影响很深。

中国古代占主导地位的宇宙模型是“浑天说”。发明地动仪的张衡是它的主要拥护者。“浑天说”认为，天好像一个鸡蛋壳笼罩在一片汪洋之上，陆地似蛋黄，浮在蛋清般的水中，恰好位于天的正下方。但是蛋壳、蛋黄的比喻只是为了说明天与地的位置关系，古人可没有把脚下的大地看成是球形的。尽管唐代天文学家张遂在大地测量中曾发现了用“浑天说”解释不了的事实，但非常可惜，他没敢怀疑“浑天说”。

从上面的例子可以看出，古人并不区分天地与宇宙，他们以为日月星辰是天空的一部分。譬如，他们都认为大地是平坦静止的，天空由极高的山峰支撑着，日月星辰在天空中运动。这种天地宇宙观是人类早期游牧生活的反映，那时人们住在帐篷里，他们想当然地认为宇宙的结构和帐篷是一样的。在这里，人们按照自己的居所造出了心目中的宇宙，就好像按照自己的形象创造神的形象一样。

但是这种地外有水、水外罩天的“浑天说”是先天不足的。古人最搞不懂的是：大地的外面全是汪洋，那么太阳落山后岂不是要沉到水中熄灭了吗？再说，太阳昨天从西方落下，怎么今天早上又从东方升起了？这一夜太阳到哪里去了？

中国古代还有人尝试用阴阳五行相生相克的观念解释这个问题，但并不成功。毕竟这个宇宙模型与现实的差距太远了。

“大爆炸”曾是个贬义词

自从哥白尼提出日心说以来，几代天文学家不断更新望远镜和天文理论，逐渐认识到不但太阳不是宇宙的中心，就连银河系也不是。银河系在本超星系团中也不过是个“小兄弟”，宇宙很可能没有中心。但宇宙总该有个开始，它始于何时呢？

爱因斯坦在20世纪初提出的狭义相对论和广义相对论，使人类对时间和空间本质的了解又前进了一大步。天文学家意识到，要想研究大尺度的天文现象，必须借助相对论这个工具。1927年，比利时天文学家勒梅特（他同时也是天主教神父）发表了爱因斯坦引力场方程的一个严格解，并由此指出宇宙是在膨胀的。

勒梅特只是在理论上指出了宇宙膨胀的可能性，证实宇宙膨胀的人是哈勃。1925年，哈勃根据河外星系的形状对其分类，得出一个重要结论：星系看起来都在远离地球而去，且距离越远，远离速度越快。哈勃于1929年发表的这个初步结论后来被更多观测所证实，成为人们公认的“哈勃定律”（也叫红移定律）。

哈勃定律的重要意义在于，它表明宇宙并非如天文界以前认为的那样是静止的。它显示众多的河外星系就像一个膨胀气球上的斑点，随膨胀而互相远离，而且这个过程已达100亿～200亿年之久。

1932年，勒梅特提出假说：既然宇宙一直在膨胀，那么反推回去，宇宙最初应该聚集在一个密度和温度极高的“原始原子”（也叫“宇宙蛋”）中，后来它发生爆炸，才形成了今天的宇宙。勒梅特的成果一开始并未受到关注，直到更有名望的英国物理学家爱丁顿重视这一成果，宇宙起源于“宇宙蛋”的假说才引起科学家们的普遍关注。

“大爆炸”是从英文名称Big Bang翻译过来的，直译的话应为“嘭的一大声”。1949年3月，英国天文学家弗雷德·霍伊尔参加了BBC的一次广播节目，在节目中霍伊尔将宇宙从一个点爆炸产生的理论戏称为“这个大爆炸的观点”，这就是“大爆炸”这个词的来源。其实，霍伊尔并不支持大爆炸理论，他是与大爆炸理论对立的宇宙学模型——稳恒态理论的倡导者。因为对大爆炸宇宙学说怀有敌意，起这个名字颇有嘲讽之意。但后来的观测事实却逐步树立了大爆炸宇宙学说的主导地位，犹如达尔文学说在生物学中的地位一样。

稳态或动态

尽管人们知道世间的一切都在运动中，只是到了哈勃发现红移定律后，动态宇宙的观念才进入人类的考量。人们甚至从来没有想过宇宙也会演化，即便是牛顿和爱因斯坦也都主张宇宙是稳定的。

根据牛顿的万有引力定律，宇宙中的一切物质都相互吸引。如果真是这样，所有的星球都因相互吸引而聚在一起，不再有稳定的宇宙了。牛顿本人也同意这种观点，为此他辩解说："如果恒星的数量是无限的，就不会聚集到一处，因为空间也是无限的，并没有一个可供聚集的'中心点'。"

从广义相对论中可以推导出，宇宙要么在膨胀，要么在收缩。为此爱因斯坦在公式中加入了一个"宇宙常数"，使得计算出的宇宙既不膨胀也不收缩，保持稳恒状态。后来，他把加入"宇宙常数"的举动称为自己"一生中最大的错误"。

1948年，两位奥地利天文学家邦迪和戈尔德提出一种理论，承认宇宙膨胀但否定大爆炸，后来霍伊尔发展了这个理论。霍伊尔认为，在星系散开的过程中，星系之间又形成新的星系；形成新星系的物质是“无中生有”的，而且运动的速度非常缓慢，用现在的技术无法测出。结论是，宇宙自始至终基本上保持着同一状态，过去宇宙是什么模样，未来宇宙仍是什么样子，宇宙既没有开始也没有结束。这种理论被称为“连续创生论”，对应的宇宙模型是“稳恒态宇宙”。

1946年，俄裔美国天体物理学家伽莫夫将广义相对论与化学元素生成理论联系起来，提出了“热大爆炸”宇宙模型。他坚信，如果宇宙是从一个极其致密、高温的状态中爆炸产生的，早期大爆炸的辐射就应该残存在我们周围。伽莫夫的学生阿尔法和赫尔曼计算出，伴随大爆炸而产生的辐射在宇宙膨胀过程中应该逐渐损失能量，而现在应该以射电辐射的形式存在，作为一个均质背景从天空的四面八方射来。由于时间久远，其辐射温度相当于绝对温度3K（开尔文，热力学温度。3K等于零下270摄氏度）。在这么低的温度下，辐射是处于微波的波段，因为用光学望远镜看不见微波，天文学家也就没法给这个理论找到观测上的支持。

意外的发现

1964年，贝尔电话实验室的两位无线电工程师阿诺·彭齐亚斯和罗伯特·威尔逊制作了一个非常精密的微波探测天线，并进行试验。试验的目的是让该仪器接收卫星发回的微弱信号，并把数据记录下来，以改善卫星通信质量。为了测量来自太空的微弱信号，他们采用方向性特别好的喇叭形天线以减少无线电干扰。

1964年5月，彭齐亚斯和威尔逊进行了初步的测量。出乎二人的意料，在7.35厘米波长的微波段上，扣除大气噪声、天线结构的固有噪声及地面噪声后，最后还有3.5K的剩余噪声。为了找出这剩余噪声的来源，首先考虑的是天线本身产生的电噪声是否比预期的高。为此，彭齐亚斯和威尔逊仔细检查了天线金属板的接缝，赶走了曾在天线的喉部筑巢的鸽子，清扫了天线，除去了鸽子巢居期间在天线喉部涂上的一层“白色的电介质”（鸽粪）。但所有这些努力，均没能消除这个剩余噪声。

从1964年到1965年，彭齐亚斯和威尔逊发现，这个消除不掉的噪声，在一天之中没有变化，在一年四季也没有变化，这是一种与方向无关，亦无偏振的“稳定”不变的噪声。看来，这种噪声不是来自人造卫星，也不会来自太阳或银河系，更不可能来自河外星系的某个射电源。因为，以上这些来自某个辐射源的信号是有方向性的：当天线指向这个方向时，接收到的信号就较强；背对这个方向时，接收到的信号就较弱。而实际测得的这些微波噪声完全不随方向变化，这就足以证明这些噪声一定不是来自任何一个射电源，它必定来自银河系之外的、更广阔的宇宙，它在各方向上分布均匀，弥漫于整个天空背景上，而它的等效温度为3 K左右，彭齐亚斯和威尔逊就给它起名叫“3 K微波背景辐射”。但这种微波背景辐射究竟是什么原因造成的？他们无法回答。

这个神秘的消除不掉的微波噪声的来源及成因，很快从普林斯顿大学的天体物理学家那里得到了解释。彭齐亚斯在一次偶然的电话联系中，从朋友贝尔纳·伯克（麻省理工学院的射电天文学家）那里知道，普林斯顿大学的一个天体物理研究组不久前发表了一篇论文的预印本，文中预言在3厘米波长的微波段，应当接收到温度为10 K的噪声。彭齐亚斯与威尔逊很快就向这篇文章的作者、普林斯顿大学的物理教授迪克等人发出了邀请，并进行了互访。他们相信，彭齐亚斯和威尔逊发现的这一消除不掉的噪声，很可能正是普林斯顿大学以迪克为首的研究组，已经理论预言并正在努力寻找而还没有找到的东西。这次互访促成了两项不同研究领域的绝妙合作，使贝尔电话实验室为提高卫星通信质量而进行的、非常实用的研究项目，意外获得了完全属于基础理论研究的、纯粹是宇宙学探索的一项带有根本性的重大发现。

这个偶然的发现为微波背景辐射的相关预言提供了坚实的验证，并为大爆炸假说提供了有力的证据。发现的过程虽然偶然，但彭齐亚斯和威尔逊并未轻易放过这个异常现象，终于获得了重大发现。他们也因此获得了1978年诺贝尔物理学奖。瑞典科学院在颁奖的决定中指出："彭齐亚斯和威尔逊的发现是一项带有根本意义的发现，它使我们能够获得很久以前，在宇宙的创生时期所发生的宇宙过程的信息。"

微波背景辐射的发现和确认更使绝大多数物理学家都相信，大爆炸理论是能描述宇宙起源和演化的最好理论。

大爆炸理论被后来的观测研究逐一证实：1989年的一个早晨，美国宇航局将COBE卫星送上太空。COBE最初9分钟的观测结果就表明，宇宙微波背景辐射具有完美的黑体辐射谱。宇宙大爆炸理论得到进一步证实。两名美国学者约翰·马瑟和乔治·斯穆特，根据COBE卫星测量结果进行分析计算后发现，宇宙微波背景辐射与绝对温度2.7 K黑体辐射非常吻合，此外微波背景辐射在不同方向上温度有着极其微小的差异，也就是说存在各向异性。这两位学者也因此获得2006年诺贝尔物理学奖。

宇宙简史

按照目前的认识，我们可以大致描述宇宙创生以来的过程：

137亿年前——在大爆炸发生的瞬间，宇宙的体积是零，温度是无限高的。大爆炸开始后，随着宇宙的膨胀，辐射的温度随之降低。大爆炸1秒钟之后，温度降低到了100亿度，这个温度是太阳中心温度的1000倍。此时的宇宙中主要包含光子、正负电子、正负μ介子和正反中微子，以及少量的质子和中子。此时粒子的能量极高，它们相互碰撞并产生大量不同种类的正反粒子对。

中微子和反中微子之间以及它们和其他粒子之间的相互作用非常微弱，所以它们并没有互相湮灭掉，以至于直到今天它们仍然存在。

宇宙继续膨胀，温度的降低使得粒子不再具有如此高的能量，它们开始结合。与此同时，大部分正反电子相互湮灭，并产生了更多的光子。大爆炸100秒后，温度降到了10亿度，这相当于最热的恒星的内部温度。一个质子和一个中子组成氘（dāo）核（重氢）；氘核再和一个质子和一个中子形成氦核。根据计算，大约有1/4的质子和中子转变为氦核，以及少量更重的元素。其余的中子衰变为质子，也就是氢原子核。

几个小时后，氦和其他元素的产生停下来。在这之后的100万年左右，宇宙中没有新物质形成，只是空间在膨胀。当温度降低到几千度时，电子和原子核不能再抵抗彼此的吸引而结合成原子。由于宇宙存在着小范围的不均匀，区域性的坍缩开始发生。其中一些区域在区域外物体引力的作用下开始缓慢地旋转。当坍缩的区域逐渐缩小，由于角动量的守恒，它自转的速度就逐渐加快。当区域变得足够小时，自转的速度足以平衡引力的作用，像我们银河系这样的铁盘状星系就诞生了。另外一些区域由于没有得到旋转而形成椭圆形星系。这种星系的整体不发生旋

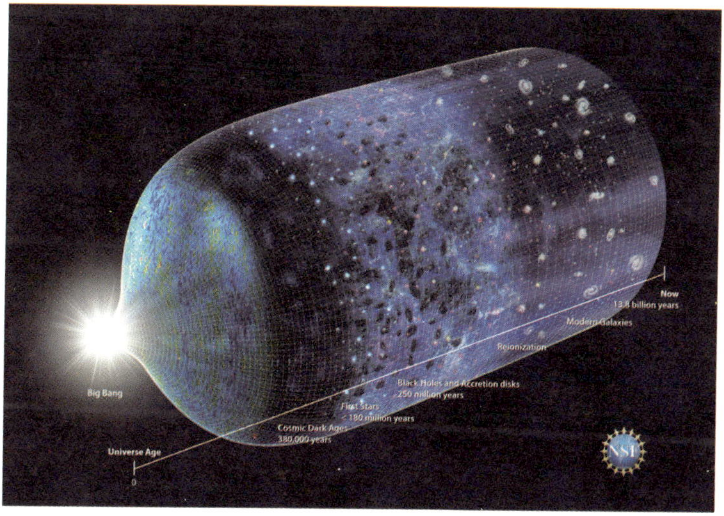

2018年2月，美国天文学家第一次发现了宇宙的第一批恒星发出的信号，这是宇宙大爆炸后的“宇宙心跳”。在大爆炸后的1.8亿年后，出现了第一批恒星

转，但它的个别部分稳定地绕着它的中心旋转，因而也能平衡引力坍缩。

由于星系中的星云仍有不均匀性，它们被分割为更小的星云，并进一步收缩形成恒星。恒星由于引力坍缩产生的高温引发核聚变，聚变产生的能量又抵抗了继续收缩的趋势，恒星稳定地燃烧。质量越大的恒星燃烧得越快，因为它需要释放更多的能量才能平衡自身更强的引力。它们甚至会在1亿年这样“短”的时间里就耗尽自己的燃料，走向生命的终点。

恒星有时会发生被称为“超新星”的巨大喷发，这种喷发令其余一切恒星都显得黯淡无光。这时一些恒星在晚期产生的重元素就会被抛回到星系中，并成为构成下一代恒星的“砖瓦”。我们的太阳就是第二代或第三代恒星，它含有大约2%的这种重元素。还有少量的重元素聚集并形成了绕恒星公转的行星，地球就是其中之一。

20世纪60年代，两位无线电工程师发现了宇宙大爆炸残留的痕迹——微波背景辐射。又过了40多年，一位叫霍金的物理学家在名为《乔治的宇宙秘密锁匙》的儿童科幻小说中这样描述宇宙的诞生：“宇宙起源有点像沸腾水中的泡泡。宇宙的开端，可能出现了许多小泡泡，然后消失。泡泡膨胀的同时，一些泡泡会不断缩小直至消失；而一些泡泡在膨胀到一定尺度后，还可以继续以不断增大的速率膨胀，形成我们今天看到的宇宙。”

第十八章

宇宙岛：远在天边的世界

1924年2月的第一个星期，美国天文学家哈勃给仙女座星云里的一颗亮星拍摄了一系列照片。照片显示这颗星的光度在迅速增大，这是一颗造父变星。哈勃计算出这颗星及其所在的星云距离地球达90万光年，远超过银河系的直径。仙女座星云其实是银河系外巨大的天体系统——河外星系。人类对宇宙大小的认识再次被刷新了。

宇宙岛猜想

哈勃的发现，给持续多年的关于旋涡星云是银河系内天体还是银河系外的“宇宙岛”的争论画上一个圆满的句号。所谓“宇宙岛”，就是将宇宙视为大海，银河系和其他类似天体系统则是大海中的岛屿。16世纪末，意大利思想家布鲁诺推测恒星都是距我们极其遥远的太阳，进而提出关于恒星世界结构的猜想。18世纪，人们在夜晚的天空中发现了边缘模糊的天体，最初称为星云。旋涡星云成为最早的研究对象，赖特和康德曾提出，旋涡星云可能是如我们银河系一样的恒星系统。

宇宙岛这一名称最早出现在德国地理博物学家洪堡1850年出版的著作《宇宙》第三卷中。因为它形象地表达了星系在宇宙中的分布，后来就被广泛采用。另外还有“恒星宇宙”和“恒星岛”等名称，都是“宇宙岛”的同义语。宇宙岛假说的渊源则更早。1755年德国哲学家康德在《自然通史和天体论》一书中，发展了赖特的思想，明确提出“广大无边的宇宙”之中有“数量无限的世界和星系”。这一思想就是著名的“宇宙岛假说”，与今人对宇宙的认识十分接近。但当时人们把河内星云（即银河内星系）和河外星云（即河外星系）都当作星系，而且对银河系本身的大小和形状也没有正确的认识。因此，“宇宙岛假说”在随后的170年里几经沉浮，并未获得天文学家公认。

宇宙岛大论争

20世纪初，著名天文学家沙普利通过研究球状星团，对银河系结构和尺度的推算做出了重大突破。但他一直反对“宇宙岛”的见解，认为这些旋涡星云应是银河系内的气体星云。而以柯蒂斯为代表的另一派天文学家不同意沙普利的看法。柯蒂斯的证据是在有些星云里发现的新星极其暗弱，说明距离也十分遥远，不像是银河系内的天体。他的另一个论据是在仙女座星云中发现的新星数量比银河系其他部分新星的总和还要多。他质疑：为何在这个小范围的部分区域中，新星会比银河系其他的部分更多？由此，他推论仙女座星云是一个独立的星系。

为了解决这两种关于宇宙尺度的矛盾说法，1920年4月，美国国家科学院在华盛顿召开了“宇宙的尺度”辩论会，会上沙普利和柯蒂斯两人就银河系的大小和旋涡星云与银河系的位置关系展开了论战。这就是天文学史上有名的“沙普利—柯蒂斯大论争”。两人分别就各自的观点进行了半个小时的报告。由于柯蒂斯的口才更好，当时多数人认为他在这场争论中略占上风，但辩论的双方谁都无法彻底说服对方。

律师转行，一锤定音

为“沙普利—柯蒂斯大论争”作出终审判决的是一个从法律专业转行天文学的年轻人。爱德文·哈勃，1889年出生于美国密苏里州。他擅长体育，少年时曾刷新该州跳高纪录。在芝加哥大学读本科期间，他受天文学家海尔启发开始对天文学产生兴趣，后来他到牛津大学攻读法律硕士学位，然后当了律师。但星空总在召唤着他，一年后他就投奔叶凯士天文台继续攻读天文学博士学位。毕业后，他进入海尔创建的威尔逊山天文台，致力于旋涡星云的观测与研究。

早期的小型望远镜拍摄出的星云照片模糊不清，难以从中分辨出细节。而大口径望远镜则可以做到这一点。威尔逊山天文台有当时世界上最大口径的2.54米反射望远镜。1923年到1924年，哈勃用这台望远镜拍摄了仙女座大星云和三角座旋涡星云的照片，并从这些星云暗淡的边缘解析出一颗颗独立的恒星。哈勃发现这些恒星有不少都是造父变星。通过分析这些造父变星的亮度变化，哈勃根据周光关系确定这些造父变星和它们所在的星云距离我们远达90万光年，远超过银河系的直径，因此它们一定位于银河系外。

1924年年底，美国天文学会会议正式公布了哈勃的这一发现。虽然哈勃本人并未出席这次会议，但当他的论文被宣读完毕，在场的所有天文学家都意识到沙普利和柯蒂斯关于“宇宙岛”的争论可以终结了。

1925年，哈勃又用造父变星测距法测定了人马座星云NGC6822的距离，证实该旋涡星云其实也是一个河外星系。多年来关于旋涡星云是近距天体还是银河系之外的宇宙岛的争论彻底结束了，人类认识的宇宙的尺度从一个宇宙岛（银河系）一下子扩大到无数个宇宙岛（河外星系），从而揭开了探索宇宙结构的新篇章。

哈勃为20世纪天文学的进步做出了许多贡献，被尊为一代天文宗师。其中最重要的贡献有两项：一是确认星系是与银河系相当的恒星系统，开创了星系天文学，建立了大尺度宇宙结构的新概念；二是发现星系的红移—距离关系，催生了现代宇宙学。为了纪念哈勃，人类第一台太空望远镜就以他的名字命名。

星系动物园

人们常说“天上的星星数不清”，其实，作为恒星的集合系统，星系的数量也是个庞大的天文数字。在哈勃太空望远镜拍摄的一张视场（天文学术语，指望远镜所能看到的天空范围）仅相当于月球角直径1/12的深空照片里，竟然可以分辨出约3000个河外星系。在可以观测到的宇宙中，星系的总数可能超过2000亿（2×10^{11}）个，最近新的研究表明，星系的总数可能是这个数字的10倍。这么多的星系，形状当然是各有千秋。1926年，哈勃在分析大量星系形态的基础上，提出了后来被称为“哈勃分类”的星系分类法，并一直沿用至今。具体如下：

椭圆星系：外形呈圆球形或椭球形，中心区最亮，边缘渐暗。同一类型的河外星系，质量差别很大，有巨型和矮型之分，其中以椭圆星系的质量差别最大。质量最小的矮椭圆星系和银河系内的球状星团相当，而质量最大的超巨型椭圆星系则可能是宇宙中最大的恒星系统，质量约为太阳的千万倍到百万亿倍。已知近邻宇宙中最大的星系之一的室女A星系（M87或NGC4486）就是椭圆星系。估计在M87核心10万光年的范围内，聚集的物质质量相当于2.6万亿个太阳。该星系中心的超大质量黑洞相当于30亿~66亿个太阳质量，在黑洞中也属于巨无霸。

旋涡星系：1845年，英国天文学家罗斯观测猎犬座M51星云时发现它具有旋涡形状，这是人类最早发现的旋涡星系。旋涡星系的中心区像一块凸透镜，周围环绕着扁平的圆盘。从隆起的核球两端延伸出若干条螺线形的旋臂。旋涡星系可以分为正常旋涡星系和棒旋星系两种，银河系就是一个棒旋星系，著名的仙女座星系是正常旋涡星系。

不规则星系：不规则星系的外形不规则、没有明显的星系核和旋臂、没有盘状对称结构或者看不出有旋转对称性。在全天最亮的星系中，不规则星系只占5%。最著名的不规则星系要数位于南天夜空中的大小麦哲伦云。它们早在远古时代就为南半球的原住民所熟知。大麦哲伦云最早被记录于964年成书的波斯天文学著作《恒星之书》中，被称为“在南方阿拉伯的白牛”。在欧洲，麦哲伦星云于15世纪末首次被意大利人观察到。随后为纪念麦哲伦船队1515

哈勃太空望远镜和凯克望远镜发现了宇宙中最远的星系，该星系距离地球大约130亿光年

年到1522年环游世界的壮举，这两个星云被冠以“麦哲伦”之名。大麦哲伦云和小麦哲伦云在天空中相隔21度，肉眼看去仿佛是被银河分开的两个片段，实际上二者相距7.5万光年。它们是最靠近银河系的其中两个星系。据推测小麦哲伦星系原本是棒旋星系，因为受到银河系的扰动才成为不规则星系，但在核心仍残留着棒状的结构。1987年在大麦哲伦云中发现的超新星（SN 1987A），是过去三个世纪中最明亮的超新星。

怎样飞往仙女座星系

或许是距离太过遥远，不易引起读者的感同身受，涉及河外星系的科幻作品少之又少。在阿瑟·克拉克的《与拉玛相会》中，拉玛飞船的航迹指向大麦哲伦星系，它穿越太阳系的目的只是为了利用太阳能和引力场加速。而仙女座星系因为其在北半球肉眼可见的特性，在科幻作品中获得了较高的出镜频率。

科幻电影《星球大战》片头字幕指出故事发生“在很久以前的一个遥远的银河系”，有人认为这暗指仙女座星系。1968年的美国科幻系列剧《星际迷航》和英国科幻系列剧《神秘博士》中都有来自仙女座星系的外星人。

由于在银河系和最近的星系之间都有无比巨大的距离，这样的旅行需要的技术远远超过恒星际旅行。星系之间的距离是恒星间距的大约100万倍。在人的有限寿命里进行星系间旅行，远远超出了人类目前的科技能力，只有科幻才会触碰这样的话题。

阿西莫夫的“基地”系列小说虽然设想万年后人类已经拓殖银河系里的2000万颗行星，但仍难以迈出这个“大摇篮”。《基地与地球》里就曾提及，从来没有人类穿越过麦哲伦星云，也没有人类到过仙女座星系或其他更远的地方。

对寿命有限的生物体来说，要不是利用高速飞船的相对论效应，实在很难活着逾越星系之间的浩渺空间。如果未来的飞船能够接近光速，由于时间膨胀效应，飞船上的时间流逝会变得缓慢许多。只要飞船速度足够快，在船员的有生之年里，甚至可以穿越整个宇宙。科幻小说《宇宙过河卒》中的飞船装备了巴萨德冲压发动机，就这样以近光速飞行，在很短的时间内穿越了直径上百亿光年的可观测宇宙。

如果飞船速度不够快，无法在一代人的有生之年里飞越百万光年。要么使用冬眠技术将船员冷冻起来，要么建成世代飞船，依靠自循环生态系统繁衍生息，将航行的使命代代相传。在漫漫长途中，飞船依靠惯性滑行，逐渐接近目标，旅行时间将极其漫长。以目前速度最快的人造物体“旅行者号”探测器为例，保持每年5.2亿千米的平均速度飞行，也要用327亿年才能飞到仙女座星系。用这么长的时间飞到那里其实毫无意义，这段航程比宇宙现今的年龄还要长。根据目前星系相对运动趋势估算，仙女座星系在60亿年后要与银河系发生碰撞了。就算它不与银河系发生碰撞，300亿年后它也会从旋涡星系演变为椭圆星系，里面只剩下黯淡的矮恒星，是一个面目全非的苍老星系了。

流浪太阳

“旅行者号”只有区区800千克，能够支持庞大的生态系统和巨量人口的世代飞船得比这大许多倍才行。刘慈欣在小说《流浪地球》中设想人类将整个地球推出太阳系以逃避天灾。如果目的地在银河系之外，仅仅把一颗行星变成飞船是不够的。远离恒星的行星大气与水体将很快冻结，行星上的资源能源也难以支持长途旅行，这时就需要太阳陪我们一起“流浪”了。

1988年，天文学家在《自然》杂志发表论文，提出星系中心的大质量黑洞产生的潮汐力会将恒星高速抛出的理论。2005年，这样的恒星真的被发现了。流浪恒星以超过银河系逃逸速度（大约每秒120千米以上）的超高速度朝着星系际空间的方向运动。据估算，银河系核心的超大质量黑洞平均每十万年发射出一颗高速恒星。到2010年为止，已经发现了16颗超高速恒星。

银河系之外的流浪恒星就更多了。1997年，通过分析哈勃太空望远镜传回的图像，天文学家发现室女座星系团中存在着游离于星系之外的恒星。它们被称为“星系际恒星”，数量有上百万颗之多。据推测，这些流浪的恒星是在两个或多个星系碰撞的过程中，被抛入星系引力范围之外的。在20世纪90年代末，天文学家发现天炉座星系团中也有一个星系际恒星的集团。也许未来的智慧生物能够追随这些高速飞出的恒星，借用它们的光和热，就像大航海时代的微生物随木帆船前往新大陆一样。从这个意义上说，这已经不是让太阳陪我们“流浪”，而是我们随着太阳迁徙了。

任意门：虫洞

流浪太阳的航程依然太久，飞往河外星系的最快的方法莫过于利用超空间了。虽然“基地”系列中人类无法踏出银河系，但在阿西莫夫早期的短篇小说《死胡同》里提到人类有可能通过“超空间”跃迁至河外星系。在科幻剧《星际之门》里，“星际之门”就是一种虫洞，各种族的智慧生命利用它才可能跨越星系之间的巨大鸿沟。

虫洞，又称“爱因斯坦—罗森桥”，它是宇宙中可能存在的连接两个不同空间位置的狭窄隧道。这个名字是怎么来的呢？把宇宙想象为一个苹果，各个星球、星系分布在苹果的表面。光线与飞船沿着苹果表面穿行。如果在苹果上有一个虫洞，那么虫洞的两个开口之间可以通过这个短程通道往来。1916年，奥地利物理学家路德维希·弗莱姆首次提出了虫洞的概念。20世纪30年代，爱因斯坦和罗森在研究引力场方程时假设，通过虫洞可以做瞬时的空间转移，爱因斯坦—罗森桥由此得名。

或许因为虫洞有理论基础，所以身为天文学家的卡尔·萨根在科幻小说《接触》（后被改编为同名的科幻片）中，让女天文学家艾琳娜经过虫洞与位于遥远星球的外星人会面。艾琳娜的飞船进入虫洞，再从另一侧的出口飞出。原来充塞着陨石与有毒气体的星际空间，变得像仙境一样美丽，展现在她面前的是笼罩着星云的星系核心。

迄今为止，科学家还没有观察到虫洞存在的证据。但这种形式的空间旅行在物理学理论上或许是可以实现的。科学家还希望制造出虫洞，用于空间旅行。制造虫洞需要聚集足够的能量以撕裂时空，目前有两种方法可以在瞬间聚集大量能量：一种是向一个点发射多束强力激光；另一种是利用粒子加速器，让两束高能粒子迎头相撞。目前的粒子加速器可以达到每米2000亿电子伏的加速能力。在这个基础上，要在空间中凭空制造出一个虫洞，需要长达10光年的加速距离。以人类目前的水平来看，创造虫洞简直就是天方夜谭。但随着科技的发展，人类或许有一天能造出可以驾驭的虫洞，将飞船和航天员送往宇宙中的任何地方。

第十九章

时空的涟漪：引力波

2016年2月12日，各路媒体都在传播同一个消息：2015年9月14日，位于美国的两个引力波探测器同时探测到一个短暂的引力波信号，这个信号源自距地球约13亿光年的双黑洞系统的合并。两个黑洞的质量分别是36个太阳质量和31个太阳质量，其中引力波辐射损失的质量大约为3个太阳质量。这个发现不但表明宇宙中存在太阳质量级别的双黑洞系统，而且是人类第一次成功探测到引力波，更是人类首次探测到两个黑洞的合并。

引力波是什么

> 在强光的无声冲击下，地核释放出了积蓄已久的能量，顷刻间引力波一次又一次地冲击整个太阳系，其他行星并没有受到很大影响，它们依旧沿着古老的轨道运行着，就像水面漂浮的木塞随着石头投入水中产生的涟漪在轻轻荡漾。
>
> ——［英］阿瑟·克拉克《童年的终结》（1953）

寻找引力波是验证广义相对论、寻找广义相对论效应的工作的一部分，那些效应往往难于测量。根据广义相对论，时间和空间会因质量发生弯曲，时空弯曲的直观效果就是我们感受的万有引力。

如果把整个宇宙想象为一张蹦床，把天体想象为放在蹦床上的一个个重物，那么只要拎着蹦床一角抖动，就相当于在蹦床的蒙皮边缘制造了形变，这个形变波动会沿着蹦床蒙皮传播开来，那些天体也就是这些“重物”之间的时空距离就会随之改变。根据广义相对论，足够重的物体就可以产生足够大的时空畸变，当这些物体获得加速度后就会激发引力波，也就是时空自身形变的传播。这样天体所在时空本身在引力波穿过的时候会发生反复的收缩和扩张，从而使得它们的距离发生波动变化。如果我们能够测量出这个距离的相对变化，就探测到了引力波的踪迹。

来自宇宙中各种源头的引力波其实经常掠过地球，但是引力是比其他基本自然力更微弱的力，以至于我们几乎从来感觉不到它。爱因斯坦曾认为引力波也许永远都不会被探测到。他甚至两次宣布引力波不存在，然后一次又一次地修正他自己的预测。当时一个怀疑者曾经评论说引力波好像是靠着“思维的速度在传递”。

科学家认为，探测微弱的引力波，如同在一个喧闹的聚会上辨别一首低吟的歌曲。宇宙以光的形式向人类传递了太多信息，如今引力波在时空中向我们传递着类似声音般的新信息。参与引力波发现的魏因施泰教授说：“这正如在时间和空间中演奏的乐曲，是由黑洞用力拨动吉他的琴弦。这只是交响乐的开始，而非结束。”

虽然科学家喜欢把引力波比喻成一种“声音”，但引力波并不是声音。声音在空气、水、固体等介质中传播，但引力波理论上是以光速传播，并可以在真空中传播。引力波是一种全新的震动方式，如同用非常大的能量，在宇宙中敲响了一面蒙皮紧绷的鼓。引力波是时空自身的波动，不像星光那样的电磁波总要被星际尘埃吸收和散射掉很多。引力波能够几乎无耗散地穿过宇宙。因此只要人们学会了怎么去“听”，一定能够听到无数星星以及其他神秘天体的呢喃私语。也许有朝一日，天文学家可以像影片《超时空接触》中的科学家那样，戴上耳机聆听转化为声音信号的引力波信号。

引力波简史

罗辑一家远远就看到了引力波天线……天线是一个横放的圆柱体，有一千五百米长，直径五十多米，整体悬浮在距地面两米左右的位置。它的表面也是光洁的镜面，一半映着天空，一半映着华北平原。

——刘慈欣《三体2：黑暗森林》（2008）

虽然爱因斯坦在1916年预言加速的质量可能产生引力波，但他提出的引力波与坐标的选取有关，在某一个参考系看来，引力波可能有能量，而换一个参考系可能就没有能量。因此在引力波概念提出之初，包括爱因斯坦本人在内的大多数物理学家对引力波的存在都持怀疑态度。1959年，邦迪、皮拉尼和罗宾森进一步证明，静止物体在引力波脉冲作用下会产生运动，于是间接地证明引力波携带能量，并可被探测到。这为探测引力波提供了理论依据。

第一个尝试探测引力波的人是美国马里兰大学工程学教授约瑟夫·韦伯。他把自己的设备命名为“谐振条天线”。韦伯认为铝制的圆柱体会像铃铛一样放大微弱的引力波。他发明的探测器由多层铝筒构成，直径1米，长2米，质量约1000千克。当引力波“撞到”圆柱体，圆柱体会轻微地振动，圆柱周围的传感器会把这种振动转化为电信号。为了确保测量到的不是周围经过的汽车或者轻微地震的振动，韦伯发明了一些保护措施：他将谐振条悬挂在真空中，并同时运行着两个相距1000千米的谐振条。如果分处两地的谐振条在微小时间间隔中产生同样的振动，就可能是引力波造成的。

1969年，韦伯宣布谐振条记录了引力波事件。物理学界和媒体为之轰动，《纽约时报》当时报道：“人类对宇宙的观测又一新篇章被翻开了。”很快，韦伯每天都报道记录到信号。不过其他的实验室使用类似设备都没有观察到同样的结果。到1974年，很多人都认为韦伯的结果有错误。后来世界各国又陆续建造了一些柱状探测器，但是效果均不理想。

20世纪70年代，美国加州理工学院的物理学家莱纳·魏斯等人开始考虑使用激光干涉方法探测引力波，其原理类似于迈克尔逊干涉仪。但引力波的探测对仪器的灵敏度要求非常高，要能够在1000米的距离上感知10^{-18}米的变化，这相当于测量仅为质子直径万分之一的形变。直到20世纪90年代，如此高灵敏度所需的技术条件才逐渐趋于成熟。

1991年，美国麻省理工学院与加州理工学院在美国国家科学基金会的资助下，开始联合建设LIGO（激光干涉引力波天文台的英文缩写）。1999年建成时耗资3.65亿美元。2005年至2007年，LIGO进行升级改造，包括采用更高功率的激光器、进一步减少振动等。升级后的LIGO被称为“增强LIGO”。2009年7月到2010年10月，增强LIGO开始运行，但未能探测到引力波存在的可靠证据。2015年，最新升级版的LIGO正式投入使用。不久后，它就有了历史性的发现。

引力波是怎样发现的

2019年的一天，LIGO探测到了有史以来一次最强烈的引力波爆发……只持续了几秒钟……推断出了这次引力波爆发的源头——由中子星和黑洞组成的双星系统……能找到的唯一解释就是：引力波来自一个靠近土星的虫洞，而引力波源在虫洞的另一端。

——基普·索恩《星际穿越》剧本初稿

大约10年前，物理学家基普·索恩在《星际穿越》剧本初稿中设想让未来人类通过LIGO和引力波发现虫洞。但《星际穿越》的导演认为，即使不提引力波，电影中也有了足够多的严肃科学理念。所以在他们精简影片中的科学元素时，就把上述的情节删去了。

作为该片的科学顾问，基普·索恩之所以对引力波情有独钟，是因为他是倡导建设LIGO的三人之一。爱因斯坦的广义相对论指出质量导致时空弯曲，引力波是探测时空弯曲的理想工具。研究时空弯曲的理想地点之一是在两个大质量黑洞发生碰撞的地方。当两个黑洞并合时，时空会发生剧烈的旋转，并辐射出强大的引力波。基普·索恩带领的团队曾用超级计算机计算了广义相对论方程的数值解，然后模拟了双黑洞碰撞的过程。现在，LIGO的观测验证了他们数值模拟的理论预言。

之所以要从双星公转、中子星自转、超新星爆发，黑洞的形成、碰撞和捕获物质等大质量天体的激烈运动过程中寻找引力波的蛛丝马迹，是因为引力波携带的能量实在太微弱。地球围绕太阳运转时，会发出引力波，发出的引力波辐射损耗功率仅有200瓦。2015年探测到的引力波信号，振幅仅有10^{-21}米，也就是说，在LIGO中相距4千米的镜子，其距离只变化了10^{-18}米，是原子核尺度的1/1000。

这么微弱的距离变化，使用传统的技术手段是根本没法测量出来的。

2016年2月11日，美国科研人员宣布，他们利用激光干涉引力波天文台于2015年9月首次探测到引力波

这次为发现引力波立下大功的LIGO由位于美国路易斯安那州列文斯顿和华盛顿州汉福德的两个引力波探测器构成。这两个探测器相隔4000千米。工程师采取了一系列技术手段来提高LIGO的精度，包括：高真空（激光臂安置于真空腔内，气压仅为大气压的万亿分之一）；高能稳定的激光；全世界最好的镜面（每入射300万个光子，只有1个会被吸收）；最稳定的振动隔离系统（反射镜用钢丝吊起以隔离震动）等。为确保4千米长激光真空管道的直线性，管道末端被从地面垫高近1米，以抵消地球表面曲率。为了排除外界干扰因素，只有当两个探测器同时检测到相同的信号才有可能是引力波。所以，LIGO堪称“世界

上最精密的测量仪器”。

当黑洞合并造成的一列线性偏振的引力波向探测器袭来时，时空会不断压缩—拉伸—压缩—拉伸，如此循环往复。时空的伸缩导致LIGO的一条激光测量臂变长的同时，另一条臂长变短。当两臂长度不同时，两束激光的相位不再同步，就产生了可以测量的干涉条纹。

科幻成真不易

遥控开关启动了引力波武器。真没想到，引力波武器还有这种说不出的能力。

——吴岩《引力的深渊》（1981）

无论是《三体》中的引力波天线，还是电影《星际穿越》中宇航员库珀通过引力波穿越时空给女儿传递信息，引力波是科幻作品中一个出镜不多但十分重要的角色。那么引力波的发现能让科幻作品的设想成真吗？能否借助引力波实现星际通信、星际航行甚至时空穿越呢？

参与了引力波探测工作的陈雁北教授认为，引力波非常微弱，因此单凭人类的力量，很难发射可以被接收和探测到的引力波。也就是说，用引力波进行星际通信在技术上十分困难。从理论上讲，有可能向一个正在合并的双黑洞系统发射一个叠加的引力波，可望产生一种引力波放大效果，但实际上也不太可能实现。此外，由于引力波本身造成的时空弯曲是很小的，所以借助引力波穿越时空、回到过去并不现实。加州理工学院魏因施泰教授也认为，从发现引力波到应用引力波还很遥远。现在谈“借助引力波时空旅行”之类的科幻设想还为时太早，利用引力波的宇宙通信也只是一种微弱的可能。

从默片到有声片

听说达德琉斯就是在那个时候发明了引力测位仪。因为在太阳里，在电子层的混沌之中，无线电完全失效，而引力是不会变的，测位仪捕捉到引力波，就可以用它来进行通信。

——［苏］亨利克·阿尔托夫《阿克勒斯与达德琉斯》

虽然目前看不到实际用途，但引力波在科学上的作用难以估量。引力波可能做出的贡献，不仅是为天文学家增添一个观测窗口（如射电波段）那么简单，它为我们增加了整个波谱，有如一系列的观测窗口。没有发现引力波之前，天文观测仿佛观看无声电影。如今引力波把默片变成了有声电影，能使我们感觉到更为丰富的宇宙活动。我们也能通过引力波“听”到黑洞碰撞的巨响，中子星塌缩的猛冲声。天文学将出现空前的变化。

在下一个十年，我们将看到LIGO探测技术的进一步改进，以及全球引力波探测器网络的扩展。这种增强的全球网络将显著提高我们确定引力波波源位置的能力，并能更准确地估计引力波波源的物理性质。当前，95%的宇宙空间是无法用传统的天文学手段观测到的。也许引力波还无法探测到占据了大部分不可见宇宙的暗能量，但是它可以帮助我们用前所未有的方式去巡查时空。随着引力波观测数据的积累，我们对于一些与黑洞相关的领域的认识也会有非常大的改观，比如恒星演化，甚至是星系演化和宇宙演化等。

人类首次直接探测到引力波信号的2015年，恰逢爱因斯坦发表广义相对论的一百周年；公布这一探测结果的2016年，又是爱因斯坦根据广义相对论推导出引力波存在的一百周年。根据爱因斯坦的理论预测，引力波将以光速传播。但目前的数据还不能完全确认引力波的速度是否为光速。未来还需检验引力波是否真的是以光速传播。引力波的意义，不仅是验证广义相对论，更对天文探测起着无比重要的作用。“聆听”引力波将有助于我们探测宇宙中情况最为极端的角落——黑洞的视界、超新星的最深处、中子星的内部结构，探测那些常规天文望远镜完全无法接近的区域。可以想见，我们对宇宙的认识将因引力波的发现而得到再一次的刷新。

第二十章

太阳熄灭了怎么办

万物生长靠太阳，万物的毁灭也取决于太阳。未雨绸缪的人们会为未来做打算。现在就有这样的科学家，其目光超越了地球上一时的变化，投向了“太阳系遭遇灾变后，人类向何处去”这样的远景。

不平静的表面

当我们观看太阳的时候，往往被太阳锐利的光芒刺得睁不开眼睛，仿佛太阳表面到处了无差别。不过，这看似平静的表面一点也不平静，而是宛若一锅沸水在剧烈地运动。一幅由明暗斑点组成的画面，覆盖在太阳的光球层，这些斑点被称为米粒组织，每个斑点直径大约1000千米大。当你观察的时候，这些斑点运动不止，但图案形状却保持不变。这里的温度大约是5500摄氏度，地球上接收到的太阳辐射能基本上来自这一层。

在光球层之外是色球层和日冕层，是真正的太阳大气层。色球的厚度约为2000千米，在其内部，温度随高度的增加而增加，顶层的温度可达几万摄氏度。这一层充满了磁场的等离子体。由于磁场的不稳定性，剧烈的耀斑经常在这层内爆发，同时还发射大量的辐射。人们关心的太阳活动以及对日地空间的影响主要取决于这一层的特征。太阳风暴就发生在色球层再向外的日冕层。这是太阳大气的最外层，厚度可达数百万千米，温度约为100万摄氏度。

太阳是一个相对宁静的炽热气体球，但太阳大气始终处于不断的活动状态，这就造成了太阳大气中一系列复杂的扰动过程。在局部地区，这种扰动过程有时候表现得异常强烈。这扰动的现象就是人们常称的太阳活动。目前，人们所了解的太阳活动现象主要包括太阳黑子、光斑、谱斑、日珥、耀斑和日冕状态的变化等。

当太阳变得狂暴

太阳虽然不是宇宙的中心，但它却是对我们最重要的恒星。它给地球带来光和热，既是光明的来源，也是生命的源泉。太阳是地球生命最最主要的能量来源。除了核能、地热、潮汐能以外，人类所有的其他能源都直接或间接地取自太阳。即便是这样一颗母亲般慈祥的恒星，也会因生老病死的自然规律变得越来越狂暴。虽然现在每隔11年一次的太阳黑子活动期只是干扰全球的无线电信号、令航空和通信不便而已，但在遥远的将来，它的“咆哮”将撕毁地球生命脆弱的保护层——磁层与臭氧层，届时太阳对人类造成的损伤可就不只是皮肤癌这么简单了。

虽然现在太阳尚在温和而有节制地发光发热，但再过50亿年，太阳将开始慢慢转变成一颗膨胀的红巨星，它的外层气体将会不断膨胀。70亿年后，太阳的体积和亮度达到最大值，那时太阳的外壳将会吞没整个地球。那么，未来的地球人如何避免被太阳烤焦的命运？

这不是科幻片中的假设，而是恒星生老病死的客观规律。按照目前太阳亮度的变化，在距今10亿年后，太阳的亮度将增加约10%，与之对应的是地球陆地温度平均上升到大约50摄氏度（相当于现在沙漠中的最高气温）。因温度升高，海水会慢慢蒸发掉。可以想象，不少植物和动物将很难适应这种温室环境，不过一些被称作古生菌的单细胞有机体将会幸存下来。稍后不久，一旦水蒸气进入大气层，太阳发出的紫外线将导致水分子分裂，构成生命细胞所需的氢会慢慢泄漏到太空中。

在《圣经》记载的传说中，诺亚一家得到神谕，建造巨舟保全了人类和所有的动物代表。未来的人类如果面临这样的天地巨变，也将在科技的“神谕”下，把地球改造成一艘方舟，载着所有生灵逃离火海。如果我们的后代或者我们之后的其他智能生命想幸存下来，他们必须移居到其他地方。但是他们要移民到哪里呢？而且怎样才能移居到那里呢？

移动地球

一种可能的方法是利用火箭移居到其他行星上。假设届时地球的人仍像现在一样多，再假设那时运载能力最大的载人航天器仍是航天飞机（每次载6人）。那么要运走75亿人，大约要发射12亿架次航天飞机。即使每天发射1000架航天飞机，也需要3300年才能将所有地球人运往太空。人们到达新驻地后，生活方面又会遇到麻烦。移居到其他行星需要将这些行星"地球化"，才能为地球移民提供生活所需的食品、水和氧气。既然如此费力，我们何不干脆像蜗牛一样，带着地球家园一道移民呢？

为了躲过太阳爆发的灾难，美国加州大学圣克鲁兹分校的格雷格·劳林和他的同事丹·柯里肯斯基，以及密歇根大学的天文学家佛瑞德·亚当三人为地球选择了一个最终目的地。那是一条围绕太阳的轨道，该轨道与太阳的距离是地球现在的轨道与太阳之间距离的1.5倍，相当于现在的火星轨道。当太阳在几十亿年后进入红巨星阶段，它的亮度将是现在的2.2倍，那时该轨道处获得的阳光强度大约跟地球现在获得的阳光强度一样。将地球移到该轨道上，大约需要将地球的轨道能量增加30%。他们表示，通过改变太阳系外围的小天体的轨道，让它们从地球附近经过，将它们的一些轨道能量转移给地球，可以实现推动地球的目的。

这有点儿像多米诺骨牌，通过小质量的彗星或小行星的引力拖曳"四两拨千斤"地移动地球。轻微的引力拖曳方法是让飞船飞到那颗天体附近，利用引力使它偏离原来的运行轨道。也可通过在彗核上钻孔，让一部分冰体喷射出来，把彗星体向相反方向推进。

这种方法也存在很大风险，因为小天体们必须从距离地球表面仅10 000千米的地方飞过才能对地球产生可观的拖曳力。这些天体可能比6500万年前杀死恐龙的那颗小天体更大，因此，一个小小的偏差就有可能会酿成大错。劳林和他的同事们非常严肃地对待这个问题，他们在论文中警告说："直径是100千米的天体以宇宙速度与地球相撞，将使生物圈的大部分生物绝种，至少细菌级别的生物都会灭绝。这并不是夸大其词。"

地球可能自动远离太阳

也有科学家对地球将随着太阳一同消亡的观点提出了质疑。英国萨塞克斯大学的几位天文物理学家认为上述观点忽视了太阳在氢气烧光消亡时会失去大部分重量，其对地球的引力也将随之显著减弱这一重要的因素，地球不会因此成为太阳的"殉葬品"。

这些天文物理学家指出，太阳几近消亡时其体积会急剧扩张，但地球不会被吸入太阳内部，因为地球的运转轨道也将随着太阳体积的扩张而远离太阳中心。

天文物理学家罗伯特-史密斯博士表示，太阳将在大约77亿年之后体积增大到现在的120倍，同时将距其最近的水星和金星吞没，但人类居住的地球却可以逃脱这一劫难，因为地球距离太阳更远。史密斯博士称，太阳最终将由一个巨大的红色星体变成一个体积极小的白色星球，直径仅1万英里。他说："地球不会随太阳的消亡而在太空中消失，但那时地球是否还是今天的样子现在还是个未知数。"

小贴士：怎么预测太阳的寿命？

松鼠可能认为松树林是永恒的，但永恒的概念往往与观察者的寿命有关。虽然恒星的寿命从几百万年到数十亿年不等，远远超出现存人类社会的历史长度。但宇宙中恒星的数量实在太多，总有一些恒星分别处于老、中、青、幼年时期。通过观察形形色色的处于不同演化阶段的恒星，天文学家有把握估计像太阳这种大小和光谱型的恒星还有多少寿数。

太阳发飙早知道

因为太阳活动与人类生存环境息息相关，因此研究太阳活动规律并设法对其进行预报具有重要应用价值。太阳活动预报按照预报时间的长短分为长期、中期和短期预报：长期预报一般是1年或几年以上的预报，如预报太阳黑子周期的演变；中期预报主要是提前几天或几个月的预报，预报这段时间里太阳表面是否会出现大的活动；短期预报是提前1~3天的预报，主要是预报耀斑和由耀斑引起的电离层骚扰。短期预报是目前太阳活动预报中最成功的。

太阳活动预报需要有完整的太阳和地球物理数据，但地球上任意地点都只有白天才能看到太阳，因此这需要国际的合作。合作的组织工作主要由国际无线电科学联盟和国际天文学联合会负责，协调各国每天24小时不间断地对太阳进行观测。

总的说来，太阳活动预报目前还没有一种比较完善和有效的方法。每个预报中心的数据来源、预报技术和预报内容均有很大差别，预报水平一般不高，只有当太阳活动处于低年时预报安全期才有较高的准确度，报准率可达90%；对大活动区预报大耀斑的出现，报准率约40%。关于太阳活动的研究仍是21世纪的科学难题之一。

相比有浓密大气和坚固建筑物保护的地球人而言，在高空飞行的航空人员和在太空执行任务的宇航员面临太阳风暴时更加脆弱。此外，那些乘坐高纬度接近极点航线飞机的乘客也会曝露在日益增多的宇宙射线之下。而曝露在射线之下将会有可能患上辐射病——通常表现为发热及呕吐。

一个设在南极洲的新的太阳风暴探测系统可以提前两小时提示宇航员穿上防护服以对抗大规模的太阳耀斑和日冕物质抛射。这种探测器设在位于南极点的美国阿蒙森-

斯科特科考站，通过对太阳风中质子能量的探测，可以在166分钟前对太阳风暴来袭做出预报。这一预警时间能够留给宇航员足够的时间在航天器防护强的区域来遮蔽自己，高纬度极地航线飞机也可以有充足的时间来降低其纬度以获得地球磁场的保护。

更好的策略是早期预警。英国布里斯托尔大学的工程师阿什利·戴尔及其同事正致力于一个名为SolarMAX的项目。他计划在太阳四周布置一圈小型人造卫星，既能测量太阳的磁场，也能监测太阳风暴可能途经的空间环境。这能帮助我们预测大型太阳风暴可能会在何时何地发生，是否会瞄准地球。戴尔估计，这可以给我们提供长达几天的预警时间。在这段时间里，人们可以转移电网上的负荷，切断易受损的电线，让人造卫星重新指向……这些措施都能够防止太阳风暴可能带来的大多数破坏。

下一步技术进展会是怎样呢？也许是像科幻影片《太阳浩劫》中设想的那样，使用炸弹人工干预太阳的变化；也许是像科幻小说《全频带阻塞干扰》中描绘的那样，“四两拨千斤”地制造出超级太阳风暴。应对太阳浩劫的故事，还远未到结束的时候。

第二十一章

超新星纪元：生命的创生与毁灭

恒星爆炸形成“大寂静”

天体生物学中有一种著名的说法叫作“大寂静”，指的是“考虑到宇宙巨大的空间和极其古老的历史，其中应当存在许多具有高度发达文明的智慧生命，但我们却没有找到任何相关的证据，这两者之间似乎存在一种矛盾”。这个说法最早来自物理学家费米，因此也被称为“费米佯谬”。

最近，一些科学家提出了一种新的设想，他们认为“大寂静”与恒星的爆炸有关，正是这些爆炸摧毁了可能存在的外星生物。尤其是被称作“白矮星极超新星爆发”的事件甚至可能将整颗星球吸入黑洞。极超新星是极大质量的恒星在生命最后的华彩乐章，由于其爆炸产生超强能量，影响范围巨大，甚至可以影响远在数千光年之外的天体。科学家们猜测，这种爆炸过程可能每数百万年会重复发生数次，这样就可能造成潜在的生命体被彻底摧毁。

在20世纪90年代，只有爆炸能量相当于100倍超新星爆发的案例才会被归入极超新星爆发的范畴。但今天这一情况已经发生了改变。天文学家将所有极超巨星发生的爆发全部归入极超新星的范畴。极超巨星是指具有极大质量的恒星，一般其质量数值介于太阳质量的100倍到300倍之间。

极超新星爆发产生的明亮闪光很大程度上来自镍的一种同位素衰变。而当两颗同样具有地球体积大小的白矮星相互合并时，其发出的光芒则将更加惊人。这一过程还会产生一个“恒星级黑洞”。这是由引力塌缩引起的，原因就在于爆炸引发的强烈挤压作用。

恒星的一生都处在引力和向外压力的平衡之中，而当恒星的核聚变能源耗尽时，引力终将获胜，此时恒星的塌缩将是不可避免的。

天体物理学家们的计算显示，如果燃料耗尽，即将发生塌缩时，恒星仍然具有太阳质量的0.7倍左右，塌缩将最终导致其产生一个黑洞。而一旦在地球附近空间发生极超新星爆发，结果将是灾难性的。不但地球生命会被这种爆发产生的强烈伽马射线暴直接消灭，伽马射线辐射还会使大气中的氧气和氮气反应产生氧化亚氮，这种化学物质能摧毁地球大气中的臭氧层，使地球表面暴露在有害的太阳辐射与宇宙射线之下。据推测，一颗近地超新星引起的伽马射线暴有可能是造成奥陶纪-志留纪灭绝事件的原因，这造成了当时地球将近60%海洋生物的灭绝。

幸好在地球附近的空间并未发现有任何极超新星存在。但在更远的距离上可能存在的极超新星爆发仍然有可能在未来对地球上的生命构成伤害。

目前发现的距离地球最近的超新星候选者是飞马座

IK（HR8210）。它距地球只有150光年，由一颗主序星和一颗白矮星组成的密近双星系统，两者相距仅为3100万千米。据估计，其中白矮星的质量约为太阳质量的1.15倍，大约在几百万年后白矮星将增长到足够的质量，从而演化为一颗Ia型超新星。

“小绿人”来电

1967年10月，英国剑桥大学卡文迪许实验室的安东尼·休伊什教授的博士研究生——24岁的乔丝琳·贝尔检测射电望远镜收到的信号时，无意中发现从狐狸座方向接收到一些有规律的脉冲信号，它们的周期十分稳定，为1.337秒。贝尔立刻把这个消息报告给导师，休伊什认为这是受到了地球上某种电波的影响。但是，第二天，在同一时间，同一个天区，那个神秘的脉冲信号再次出现。这就表明这个奇怪的信号不是来自地球，而是来自天外。一开始，贝尔对此很困惑，甚至曾想到这可能是外星人在向地球发电报联系。所以给这个脉冲源起名叫“小绿人一号”。但在接下来不到半年的时间里，又陆续发现了数个这样的脉冲信号，使他们意识到这是一种自然发生的天文现象。1968年2月，贝尔和休伊什联名在《自然》杂志上报告了新型天体——脉冲星的发现，并认为脉冲星就是物理学家预言的超级致密的、引力强大的奇异天体，其半径大约10千米。

早在1939年，美国物理学家奥本海默就提出：质量很大的恒星由于其引力的巨大，将使它的最后归宿不是白矮星，它会继续收缩，原子和原子核均被挤碎，带正电的质子与带负电的电子在强大引力作用下被结合成中性的中子，庞大星体收缩成为体积极小、质量和密度极大的全部由中子构成的星体——中子星。

脉冲星为何会发射脉冲并被我们观测到呢？设想一下，我们的地球仿佛是宇宙之海中的一叶扁舟。如果远方有一座灯塔，它的灯光总在不停地匀速转动，灯塔每转一圈，由它窗口射出的灯光就射到“地球之舟”上一次。灯光不断旋转，在我们看来，光源就连续地一明一灭。脉冲星就是这样的“灯塔”。它每自转一周，地球就接收到一次它辐射的电磁波，于是就形成一断一续的脉冲。脉冲星的这种现象，也就叫“灯塔效应”。脉冲的周期其实就是脉冲星的自转周期。

所有恒星都能发射脉冲吗？其实不然，要发出像脉冲星那样的射电信号，需要很强的磁场。而只有体积越小、质量越大的恒星，它的磁场才越强。而中子星正是这样高密度的恒星。

另一方面，当恒星体积越大、质量越大，它的自转周期就越长。地球自转一周要24小时，而脉冲星的自转周期竟然小到0.001 337秒！就连致密的白矮星以这样的高速自转都会被撕裂。只有更为致密的中子星，才可能扮演高速旋转的脉冲星角色。

脉冲星的发现与类星体、宇宙微波背景辐射、星际有机分子一道，被称为20世纪60年代天文学“四大发现”。休伊什教授也因脉冲星的发现而荣获1974年的诺贝尔物理学奖，但不少人也对贝尔未能获奖而颇有微词。他们认为，在脉冲星的发现中，起关键作用的应该是贝尔严谨的科学态度和极度细心的观测。好在科学界并没有忘记贝尔，自发现脉冲星以来，她荣获了十几项世界级科学奖。

超新星如何爆发

发现脉冲星后，天文学家开始梳理历史上的超新星记载，果然在出现过超新星的位置都发现了脉冲星。其中最有名的是“1054年超新星”。

1054年7月4日，距地球6500光年的一颗超新星爆发时产生的光芒飞抵地球。这次爆发被宋朝的天文学家详细记录下来。《续资治通鉴长编》中这样写道：“至和元年五月己丑，（客星）出天关东南，可数寸，岁余稍没。”日本人和美洲土著居民对这一奇异天象也有观测记录。在超新星爆发的前23天，即使在白昼都可以看到它，其亮度如金星一般。直到一年多以后才消失不见。超新星爆发时产生的激波会形成一个由膨胀的气体和尘埃构成的壳状结构，这被称作超新星遗迹。1054年超新星的遗迹就是著名的蟹状星云。

超新星的爆炸是如何发生的呢？

在大质量恒星的大部分生命时间里，内部都进行着由氢产生氦的热核反应。其中氢是“燃料”，氦是“炉渣”，当燃料逐渐耗尽，堆积的只是大量炉渣时，由氢产生氦的热核反应便不能维持下去，大质量恒星也走向了晚年。

在晚年时，大质量恒星核心部分的氢燃料已经逐渐燃烧完毕，但由于总质量巨大，碳燃烧得以平稳进行，同时，外围壳层中也在进行着氖燃烧和氢燃烧。

铁是恒星内部热核反应最后的炉渣，无法继续燃烧。这时的恒星由一个已停止热核反应的等离子态铁质核心和仍在分层燃烧的多层外壳组成，体积膨胀为红超巨星，犹如一个“巨型洋葱头”，包含着许多由不同化学元素组成的正在燃烧着的同心层。

此时恒星内部是一个同时进行着数百种热核反应的大熔炉，炉火越来越旺，温度越来越高，各种强烈反应的突发性也越来越强。

当热核反应达到极致的时候，星核迅速塌缩。一旦外围各层的热核反应也都因燃料的枯竭而停止进行，外层物质将以超过4万千米/秒的速度向中心区塌缩。大量物质与高度致密的核心遭遇的时候，像是无数发猛烈的炮弹撞上了一堵无比坚硬的铁壁，统统反弹回来，再与正向中心区塌缩的物质遭遇，形成强烈的冲击波，携带着极其巨大的能量，将整个恒星的大部分物质炸成齑粉，成为壮烈辉煌的超新星。

超新星爆发以后，大部分外层物质解体为向外膨胀扩散的气体和尘埃星云，核心部分遗留下一颗高度致密的天体——中子星或黑洞，大质量恒星的一生画上了休止符。

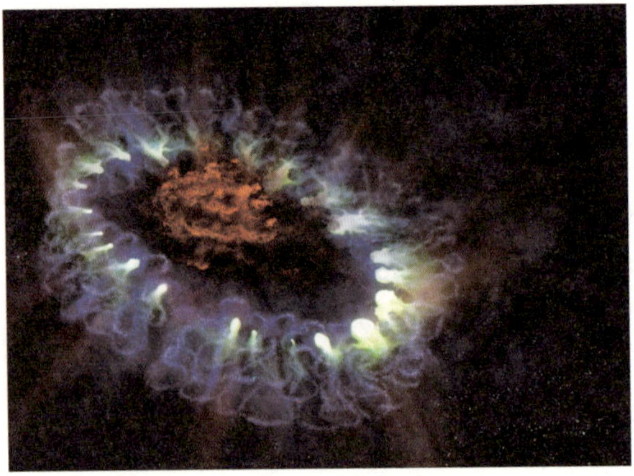

欧洲南方天文局公布的“超新星1987A残骸”艺术合成照片，照片显示不同波长形成圆圈，犹如一串珍珠项链，而项链中心位置则是最新形成的星尘

如果某颗恒星的内核质量堪与太阳相比，那么在强大引力作用下，这颗恒星一秒钟就可以从地球的大小坍缩为

半径10千米大小。最后它将以接近光速崩塌，原子都被压碎，原子核外的电子被压入原子核，正负电荷抵消，恒星的残骸以一种中性不带电的中子状态存在。一颗典型的中子星质量介于太阳质量的1.35倍到2.1倍，半径则在10千米至20千米之间，密度在每立方厘米8×10^{13}克至2×10^{15}克间。中子星的高密度也使它有强大的表面重力，强度是地球的2×10^{11}倍到3×10^{12}倍。如果一个体重70千克的人向中子星跌落，他撞击到中子星表面的能量将相当于两亿吨核爆炸的威力。

在这一过程中，垂死的恒星将回光返照般地释放存于原子内部的能量，其光辉将令一亿个太阳相形见绌。这就是超新星爆发，宇宙中最辉煌的焰火。超新星爆炸极其剧烈，过程中所突发的电磁辐射经常能够照亮其所在的整个星系，并可持续几周至几个月才会逐渐衰减变为不可见。恒星在爆炸中会将其大部分甚至几乎所有物质以最高为1/10光速的速度向外抛散，并向周围的星际物质辐射激波。

太阳质量较小，不会有这般绚烂的结局。但在太阳系身处的银河系里，确有一些具备成为超新星潜质的恒星。这样的超新星爆发，会给地球带来怎样的灾难呢？1885年在仙女座星云附近发现了一颗超新星。据测定，它在6天的时间里发出的光相当于太阳在100万年里的发光总量。好在这颗超新星离我们有一二百万光年之遥，强烈的光线到达地球时已经变得非常微弱。

2004年12月27日，人马座方向的一颗超新星突然爆发，短短0.2秒内，其释放出的伽马射线相当于太阳25万年里发出能量的总和。好在这次爆炸发生的地点离地球足够远，如果这颗超新星距离地球在10光年以内，这样强度的爆炸足以毁灭地球上所有物种。

激活地球生命

超新星爆炸产生的冲击波对高等生命而言是个噩梦，但对处于起源阶段的生命来说，高能辐射却提供了分子结合及DNA变异所需的能量。科学家研究发现，当太阳系随着银河系猎户座旋臂围绕银河系中心转动时，曾经扫过超新星爆发的区域，使得地球沐浴在各种高能辐射之中，正是有了这些能量激活，地球上的生命才发生了爆炸式增长。

如同树木的年轮可以反映环境变迁一样，某些生命的进化也反映出天体的演化。当超新星爆发时，周围太空中可能存在的生命其进程也会蓬勃发展。太阳系足够接近一颗超新星时，爆发产生的宇宙射线就会“冲刷”着地球。

通过对地质记录的比较，科学家发现超新星爆发率似乎与地球上生命蓬勃发展的时间点有关，很大程度上塑造了生命条件。每当太阳携带着各大行星穿过银河系中曾经的恒星形成区时，超新星爆发就会显得更加频繁。为了进一步获得生物学上的支持，科学家寻找史前数个时期的海洋生物化石，希望从中发现与超新星爆发相关的痕迹。虾类、章鱼或者是已经灭绝的三叶虫和鹦鹉螺等无脊椎动物化石证实了这个推测。当时太阳系穿过超新星爆发的区域，地球海洋中的无脊椎动物便受到超新星爆发的强烈影响。与此同时，科学家对比了过去5亿年的地质和天文数据，发现地球曾经非常靠近超新星爆发影响区域。在太阳系附近超新星出现频率较高时，地球上生命的多样性也达到较高的水平。

除了促使生命爆炸式增长之外，超新星爆炸还能产生一些对于地球生命至关重要的化学元素。德国慕尼黑工业大学研究人员进行了一项实验，他们对生活在海洋沉积层的趋磁性细菌进行了研究，发现这种特殊嗜铁细菌能够新陈代谢铁元素，形成氧化铁微晶体四氧化三铁。细菌制造氧化铁晶体非常普遍，它们的尺寸约80纳米，这些铁元素来自降落至海底的地球大气层灰尘微粒，这些细菌新陈代谢的铁元素有时就来自超新星爆炸残骸。同位素铁-60几乎全部形成于超新星爆炸，在260万年的半衰期内，任何地球上的铁-60都不是在地球上形成，因此该时间内发现任何形式的铁-60元素都应该是来自超新星爆炸。科学家从太平洋海底沉积岩的远古细菌化石中发现了铁-60。地质学分析表明这些沉积岩形成于170万—330万年前。对细菌化石的化学分析进一步显示其中的铁-60可追溯至220万年前。这与天文学家认定的一颗在220万年前爆炸的超新星在时间上吻合。

甚至地球万物生长所依赖的太阳都可能是远古超新星爆发的产物。科学家认为太阳在50亿年前形成时附近有一颗巨大的恒星爆炸成为超新星。其冲击波导致低密度的星际物质聚合在一起，形成了原始的太阳星云。天文学家认为，这同样能够解释为何人类生活的地球能够成为一个温暖、湿润、充满绿色植物的世界。超新星爆发所释放出的放射性物质衰变所产生的能量可能产生了形成地球所需的物质，并决定了今天地球上的水量。

由此可见，超新星不完全是生命的终结者。它们在为星际物质提供丰富的重元素中起到了重要作用。同时，超新星爆发产生的激波也会压缩附近的星际云，这是新的恒星诞生的重要启动机制。超新星在爆发时释放的射线会使被辐射的生物加速变异过程。变异有好有坏，不良变异被自然淘汰，好的变异一代代遗传下来，更具生命力和竞争力的全新物种也就诞生了。天文学家在银河系中发现过不少超新星残骸，它们在遥远的地质年代都发生过惊天动地的爆发，而且其辐射必然曾波及地球。这或许可以解释在生命进化史上多次的物种灭绝和新物种爆发式增长。